U0159451

量子计算机简史

[日] 西森秀稔 大关真之——著

姜婧——译

量子コンピュータが人工知能を加速する

四川人民出版社

目　录

第6章 量子领域将来的发展趋势 119

量子计算机与人工智能的新时代

不知道翻开本书的各位是对量子计算机感兴趣？还是对人工智能感兴趣？还是对两者都感兴趣呢？

量子计算机一词从20世纪90年代前后开始走进公众视野。量子计算机因为运算速度远超经典计算机而备受期待，但一般认为要实现其普遍应用仍需数十年时间。而另一方面，近年来人工智能迅速发展，在日本象棋和围棋领域击败人类冠军，并逐渐被应用到诸多领域。

或许有人会问：量子计算机和人工智能到底有什么关系？实际上，曾被认为遥遥无期的量子计算机已经突然问世，而且开始了商业化销售，在过去完全不相干的人工智能领域的应用也将取得进一步发展。

这种商用量子计算机采用了与之前全然不同的研究方

向——量子退火的方式。尽管量子退火计算机目前还不具备像经典计算机一样的通用性，但它可以应用到人工智能及物流、金融等众多领域。这种商用量子计算机是加拿大的一家创业公司率先开发出来的。此外，谷歌和美国政府也投入了巨额资金用于同类量子退火计算机的研发，在北美掀起热潮。

本书尽量采用通俗易懂的语言，简要介绍新模式量子计算机如何运转、能够进行何种运算以及如何应用到人工智能的研发领域，使没有专业知识的读者也能理解其原理。此外，量子退火虽然在北美引起了巨大反响，但提出该原理并从事基础研究的其实却是日本学者。因此，本书也将介绍日本学者所做的贡献以及他们今后应如何活跃于国际舞台等内容。

以下为本书的大致框架。

第1章从谷歌和美国国家航空航天局就新式量子计算机举办记者发布会，宣布其运算速度比经典计算机"快1亿倍"谈起，从整体上简要介绍量子计算机如何运算、如何在社会上发挥作用及其研发过程。

第2章介绍研发量子计算机的加拿大创业公司。主要介绍该公司理论物理专业出身的创始人是如何创新的，以及进一步提高量子计算机性能必须解决的若干课题。

第3章介绍量子计算机的运算原理及其在人工智能研发领域的应用过程。量子计算机使用量子比特作为量子信息单位，能够高效处理组合优化问题，而对经典计算机而言，这类问题是非常耗时的。机器学习是实现人工智能的基础技术，本章还将介绍量子计算机如何在机器学习，尤其是备受关注的深度学习中发挥作用。

第4章展望了量子退火计算机的实际应用将给社会带来的变化。目前，量子退火计算机已经在若干领域投入应用。本章在介绍其应用现状之后，还将探讨量子退火计算机在人工智能领域的应用可能会给社会带来的巨大变化。

为了方便读者更好地理解量子计算机，第5章将回顾量子力学的基础知识及其基础技术的研发历程。量子力学的世界常常有悖于我们日常生活中的常识，例如物质具有波粒二象性，可以实现0和1同时叠加的状态等。

第6章将深入分析量子退火计算机从基础研究到实际应用的飞跃，同时反思日本未来的发展方向。

无论是量子计算机，还是人工智能，相信多数人对它们的印象都是晦涩难懂。不过阅读本书你会发现，这二者的交叉带来了广阔的尚待开发的领域。希望大家能够迈出第一步，把本书看完。

第 1 章

"快1亿倍"的计算机

谷歌与美国国家航空航天局的新闻发布会

2015年12月8日，位于美国硅谷的美国国家航空航天局艾姆斯研究中心召开了一场具有历史意义的新闻发布会。

参加发布会的除美国国家航空航天局外，还有美国高校空间研究协会（USRA）和谷歌公司。在过去两年里，他们使用加拿大D-Wave系统公司（以下简称"D-Wave公司"）的量子计算机进行了性能测试，并在此次发布会上公布了其测试结果：

"D-Wave量子计算机的运行速度比经典计算机快1亿倍。"

这一惊人成果不但被专业媒体报道，[①]也见诸《华盛顿邮报》等综合性报纸。[②]

"快1亿倍"是什么概念？简单来说，就是经典计算机需

[①]「D-Waveの量子コンピュータは「1億倍高速」、米国国家航空航天局やGoogleが会見」ITpro、2015年12月9日。http://itpro.nikkeibp.co.jp/atcl/news/15/120904017

[②] "Why Google's new quantum computer could launch an artificial intelligence arms race" *The Washington Post*, December 10, 2015. https://www. washingtonpost. com / news / innovations /wp / 2015 / 12 / 10 / why-googles-newquantum-computer-could-launch-an-artificial-intelligence-arms-race/

安放在美国国家航空航天局内部的 D-Wave 公司的量子计算机。（摄影：日经计算机中田敦）

要耗费1亿秒的工作，量子计算机仅需1秒就能完成。1亿秒相当于3年2个月。实际上，计算机的运算速度会因问题不同而异，并不能如此简单化地理解，但大致就是这个意思。也就是说，某些情况下，过去需要耗费大量时间和成本进行的运算，量子计算机瞬间就能完成。这种计算机的问世无疑会引发人们的惊叹。

量子计算机的构想和研发始于20世纪80年代。当时人们认为，至少要到21世纪后半叶，量子计算机才能问世。然而就在几年前，D-Wave公司却开始销售商用量子计算机，而且其性能已经得到了美国国家航空航天局和谷歌的验证。

正如大家所知，计算机使用0和1这两个数字信号来处理信息。0和1可以分别用高电平和低电平来表示。在中央处理器中，由晶体管组成的逻辑门针对代表0和1的信号输入返回相应的信号，从而实现运算（参见第111页）。0和1称为"比特"。

量子计算机则是利用量子力学原理，使用处于0和1叠加态的量子比特来进行运算。所谓0和1的叠加态是指既是0又是1的状态。尽管这种状态不符合我们的直觉，但在量子力学的世界里，我们的常识是行不通的。

在过去，使用量子比特进行运算只是指将操控量子比特的逻辑门组合起来进行运算。也可以说，只是运用量子力学原理，来扩展经典计算机的运算方法。但经典计算机的性能已经逐渐达到极限，因此人们开始寄希望于高性能量子计算机的研发。

由于制造技术方面的困难，人们一般认为量子计算机还需数十年时间才能问世。不过现在，已经有一家加拿大厂商研发出全新模式的量子计算机，并实现了商用化。

过去人们一直研发的量子计算机采用的是量子门（量子

线路）方式，而最近几年突然实现商用化的量子计算机采用的是量子退火方式。[①]量子退火的运算方法与量子门截然不同，因此从刚刚获知其实现商用化的新闻直至最近的报道当中，媒体和对此感兴趣的普通读者无不好奇——量子退火到底是什么。

本书作者之一西森秀稔是量子退火理论的提出者。虽然迄今为止，我已经在各种媒体介绍过支撑新型量子计算机的量子退火的原理和意义，但对于非专业人士来说，这些内容确实很难理解。因此，为了让没有专业知识的人也能理解，为了用最通俗易懂的方式向普通人介绍，我特意写了本书。

量子退火计算机之所以受到关注，很大程度上是由于人们对其在人工智能领域的应用满怀期待。人工智能的实现及相关的研发工作会给未来的社会带来巨大影响，新型计算机具有充分潜力提高人工智能的性能，并大幅加速其应

----

① 有观点认为，只有采用量子门方式才是对经典计算机的扩展，才能称为量子计算机。但本书从运用量子力学进行运算处理的角度来看，将两种方式均称为量子计算机。此外，正如第17页也将介绍的，量子退火方式如果对方法加以若干扩展，在理论上也可以具有与量子门方式相当的功能，因此从原则上讲，二者之间几乎是没有界线的。不过实际应用的硬件、算法的研发方法乃至用途等都会因基础平台的不同而截然不同。

用进程。尤其是量子退火机，很有可能成为重要契机，推动机器学习的进一步发展，这对人工智能的实现是不可或缺的。

因此，曾经在西森研究室学习，而今活跃于人工智能、机器学习领域的大关真之也参与了本书的写作。对人工智能的相关知识，本书也将尽量采用通俗易通的方式进行介绍，使没有专业背景的读者也能理解。

用量子计算机解决组合优化问题

其实D-Wave量子计算机并非一直拥有比经典计算机"快1亿倍"的高性能。谷歌和美国国家航空航天局的测试结果是，在解决某些特定问题时，量子计算机可以表现出比经典计算机快1亿倍的性能。[①]

经典计算机可以执行各种各样的任务。比如在撰写本书时，我会在计算机上使用文字处理软件写作，或者用浏览器在互联网上查找资料。而在互联网的另一端，谷歌数据中心内数量庞大的计算机则正在随时处理用户的搜索请求。由于

---

① Vasil Denchev et al., "What is the computational value of finite-range tunneling?" Phys. Rev.X6,031015(2016).

用途广泛，经典计算机都是通用型的。

与此相比，D-Wave量子计算机则只能用于特定用途。这里说的特定用途指解决组合优化问题。也就是说，谷歌和美国国家航空航天局宣布的，其实是在解决某类组合优化问题时，D-Wave量子计算机的速度要比经典计算机快1亿倍。

那么，什么是组合优化问题？可能很多人会对此感到陌生。其实，我们的日常生活中到处都有组合优化问题，而经典计算机并不擅长处理这类问题。

比如快递配送员应该按照哪个路线配送的问题。我们每天都会收到包裹，快递员将我们在网上购买的商品配送过来。如果他一天要到5个不同的地点送货，那么一共可以组合成120种路线。逐一计算每条路线的距离长短，便可以从120种路线中挑出距离最短的一个。如果每天要去10个地点，就会组合出360万种路线。随着地点的增多，组合数量会急剧增加到极为庞大的数值。如果要去15个地点，那么所有组合的数目就会达到13 000亿个。

如果使用高速计算机逐一计算这么多种可能，会出现怎样的结果呢？超级计算机"京"每秒钟可进行1京次运算。1京为1兆的1万倍。如果需要配送15个地点，它可以瞬间结

组合优化问题示例
(流动推销员问题)

快递配送员选择哪条路线才能以最短
距离(最低成本)走完多个地点?

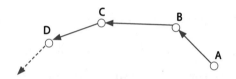

配送地点个数	路线组合数	计算所需时间*
5	120	1.2×10^{-14} 秒
10	360 万	3.6×10^{-10} 秒
15	13 000 亿	0.00013 秒
25	1.6×10^{25}	49 年
30	2.7×10^{32}	8.4 亿年
⋮	⋮	⋮

使用超级计算机也
无法全部计算出来。

*以下数据为按照日本超级计算机"京"每秒钟运算1京(10^{16})次的速度计算所有
路线所需的时间。

束运算，但如果地点增为30个，所有组合的数量会变成1京的1京倍，即使使用"京"来运算，也需要大约8亿年的时间。这意味着，无论何种高性能的经典计算机都无法胜任此类运算。

这就是组合优化问题中最有名的"流动推销员问题"。随着地点个数的增加，路线组合数会出现爆炸式增加，经典计算机很难完成这样的运算。因此，人们在现实中经常采用的做法就是，放弃寻找距离最短（成本最低）的组合，使用经典计算机计算出尽可能接近最优组合的答案。

量子计算机可用于人工智能等多个领域

组合优化问题的最佳答案叫作"严密解"。事实上，想要得出严密解非常难，一般都是尽量计算出接近它的近似解。不过D-Wave量子计算机是"专门解决组合优化问题的计算机"，即便是经典计算机无法得出严密解的问题，也有可能用它找到严密解或者计算出更接近严密解的近似解。

或许有人会认为，如果只能用于解决组合优化问题，那么这种量子计算机的应用范围就太窄了。但事实并非如此，现实生活中存在着非常多的组合优化问题。

比如上文提到的流动销售员问题扩展到更大规模，可以用于所有车辆的路线最优化。将自动驾驶技术与汽车导航系统相结合，就有可能极大缓解全球的交通拥堵问题。优化全世界的卡车、船舶和飞机的物流路线，那么节约的燃料和时间等成本将不计其数。即便只能提升百分之几的准确度，也可以大幅减少其对环境造成的影响。

此外，制药厂商也可以使用量子计算机来分析大分子结构。大分子的结构会左右药物的效果，可以用组合优化问题来分析其结构。因此，为了开发出疗效更好的药物，量子计算机也有可能会被用于这一领域。

而今，最受关注的是量子计算机在人工智能领域的应用。机器人能否像人类一样做判断，并拥有超越人类的能力？当然也有人在讨论，人工智能会不会夺走人类的饭碗。人工智能的研发离不开机器学习技术，而机器学习过程中包含很多组合优化问题，例如评估不同特征的重要程度的变量选择和判断如何对数据进行分类的聚类分析等。

就现状而言，组合优化问题的求解非常耗时，大多数情况下只能转而选择在某种程度上做出妥协的解决方法。正因为如此，人们才期待能借助量子计算机开发出性能超出以往且能做出更接近人类判断的人工智能。此外，作为机器学习的方式，深度学习①时必不可少的采样过程中，D-Wave量子计算机可能发挥的作用最近也迅速受到关注。除了作为"解决组合优化问题的专业设备"，量子计算机还逐步展现出其他方面的功能。概而言之，对机器学习这一实现人工智能的软件技术来说，量子计算机是推动其进一步发展的最佳下一代硬件候选。

D-Wave 量子计算机是解决组合优化问题的专业设备，也可以实现对机器学习极为重要的采样过程，不过这两方面的用途都是限定的。而之前人们一直研发的量子门方式的量子计算机则以拥有经典计算机的通用性为目标。不过从现状来看，它要像D-Wave量子计算机一样实现商用化，还有很遥远的一段路程。

量子门方式的量子计算机尚未实现商用化的主要原因是硬件开发难度太大。此外，其软件（应用程序）方面的课题也亟待解决。量子门量子计算机必须有算法才能进行运行。

---

① 东京大学人工智能专家松尾丰副教授称，深度学习是"人工智能研发50年来的最大突破"。详情可参见『人工知能は人間を超えるか ディープラーニングの先にあるもの』松尾豊著、KADOKAWA（2015年）。

目前，因数分解算法、量子模拟算法等几种高速算法的影响较大，不过仍然需要进一步研发。量子模拟算法能在研发药物所需的量子化学计算中发挥重要作用，IBM等大公司也正在推进研发。

此外，已有研究发现，采用量子退火方式的量子计算机如果对方法稍加扩展，也可实现"通用化"，从理论上来说能够执行所有运算。[1]还有研究人员指出，通过同样扩展之后，对某类组合优化问题的解答速度也有望得到大幅提升，[2]包括硬件可行性等在内，相关研究十分活跃。

是实验设备，不是计算机

那么，D-Wave公司研发的量子计算机究竟是什么样子的呢？其实，D-Wave量子计算机的构造与以往的经典计算机截然不同，它没有CPU等处理装置，也没有存储器、硬盘等外部存储装置。与其说是计算机，它其实更像一台实验设备。

[1] Jacob D. Biamonte and Peter J. Love,"Realizable Hamiltonians for universal adiabatic computers", Phys. Rev. A 78,012352 (2008) Tameem Albash and Daniel A. Lidar, "Adiabatic quantum computing", arXiv:1611.04471(2016).
[2] Hidetoshi Nishimori and Kabuki Takada, "Exponential enhancement of the efficiency of quantum annealing by non−stoquastic Hamiltonians", arXiv:1609.03785 (2016).

　　说起实验设备，大家的脑海里可能会浮现出中学的理科实验室的样子，各位应该都曾经使用过煤气喷灯、烧杯、电流计和电压计等实验仪器。大学的研究室或企业的研究所会用到更大型的实验设备。实验设备的特点是为了特定用途而制造，不具有通用性。此外，实验还必须经过设计、实施、测量、统计和观察等流程。D-Wave公司的量子计算机也完全符合这些特点。

　　如果说处理器是经典计算机的心脏，那么D-Wave量子计算机的心脏就是装有量子比特的超导电路。超导是指特定金属或化合物被冷却至极低温度时，电阻会降低为零的现象。D-Wave量子计算机将金属铌制成的圆环变成超导状态，通过圆环内部的电流方向实现量子比特的作用。

　　谷歌和美国国家航空航天局在测试中使用的量子计算机名为"D-Wave 2X"，价格约为15亿日元，即使签订租赁合同，每年也至少需要支付1亿日元。从外表看，它是一个巨大的黑色箱子，长、宽、高分别为3米左右。黑色箱子内部装有泛着银色光芒的稀释制冷机，其内部装有这台量子计算机的核心部件——超导电路。把超导电路装在制冷机内，是因为需要将其冷却到无限接近绝对零度（零下273.15摄氏度）的状态。

超导电路能够实现至少1 000个量子比特。

D-Wave 2X 的功率为25千瓦，[①]绝大部分能耗被稀释制冷机用来冷却超导电路，这个能耗仅相当于超级计算机"京"的1/500。

除了谷歌和美国国家航空航天局外，飞机研发制造商洛克希德·马丁、南加州大学、洛斯阿拉莫斯国立研究所也都购买了D-Wave量子计算机。还有一些公司虽然没有直接购买，但会通过网络使用D-Wave量子计算机提供的云服务。众多拥有非凡研发业绩的企业和研究所纷纷购买和使用这种量子计算机，说明它一定具有某些值得期待的地方。

什么是量子退火

什么是量子退火？为什么采用量子退火方式的D-Wave量子计算机能够高速解决某类组合优化问题？

量子退火是借用自然现象的算法之一。经典计算机也会使用类似算法来解决组合优化问题。在流动推销员问题中，逐一计算所有路线组合将会花费大量时间，而巧妙使用算法

---

① 摘自 D-Wave 2X 的官方宣传资料。http://www.dwavesys.com/sites/default/files/D-Wave%202X%20Tech%20Collateral_0915F_0.pdf

则可以高效地得出结果。类似的借用自然现象的算法还包括遗传算法、模拟退火算法等。

使用经典计算机解决组合优化问题时，用得最多的是模拟退火算法。这种算法借用了退火现象，即经高温加热的金属在缓慢冷却后结构会变得很稳定。在经典计算机上模拟退火现象，便可以得出组合优化问题的近似解。

本书作者西森在1998年与当时还是博士研究生的门胁正史合著了一篇论文，[①]提出利用量子退火现象，通过量子退火来解决最优化问题，并指出有案例表明量子退火求解要比模拟退火更快速、更准确。

西森当时研究的是信息统计力学的相关课题，即如何利用各种物理现象进行信息处理。经过多次摸索尝试，他想到了借用量子退火现象的量子退火算法。不过他当时认为，作为一种算法，量子退火算法是为了解决组合优化问题而在经典计算机上的模拟。

然而，有人制造出了能够实际产生量子退火现象的硬件（实验设备），他们就是加拿大的D-Wave公司。

---

① Tadashi Kadowaki and Hidetoshi Nishimori, "Quantum annealing in the transverse Ising model" Phys.Rev.E,58(5), 5365–5363(1998).

来自加拿大创业公司的挑战

D-Wave公司是乔迪·罗斯（Geordie Rose）等人成立的创业公司。[①]罗斯在英属哥伦比亚大学（University of British Columbia）研究生院学习期间开始接触量子计算机的课题，之后放弃科研之路，选择了创业。他的目标不是研究与量子计算机相关的问题，而是成立一家公司来研发、制造并销售量子计算机。

当时，说到量子计算机，都是采用量子门方式的。因此，罗斯最初也是计划研发量子门量子计算机。但由于量子门十分容易受到外部噪声影响，非常不稳定，即便研发成功，也不过是只有几个量子比特的系统。后来，罗斯尝试用金属铌的微小电流环来构建量子比特，但仍与他希望实现的拥有数百、数千量子比特的计算机相距甚远。

于是，罗斯决定改为研制不使用传统量子门的量子计算机。就这样，他终于开始研发执行量子退火算法的量子计算机硬件。

2007年，D-Wave公司成功研发出16量子比特系统。

[①] 关于D-Wave公司的管理层信息参见：http://www.dwavesys.com/our-company/leadership。

加拿大 D-Wave 公司办公室以及他们研发的芯片（图片由 D-Wave 公司提供）

2011年，D-Wave公司开始销售128量子比特的系统"D-Wave 1"。2013年又成功研制出512量子比特的系统"D-Wave 2"。

2015年，D-Wave公司将谷歌和美国国家航空航天局使用的系统升级为"D-Wave 2X"，可用量子比特数目也实现了大幅增加，由512个上升至1 000个以上。

D-Wave公司的发展看似十分顺利，不过其实他们也遭到了质疑："这是真正的量子计算机吗？"因为人们奇怪，为什么采用量子门方式的量子计算机只能构建出几个量子比特，而D-Wave公司却能实现几百甚至更多量子比特的稳定运行。不过，经过反复验证，D-Wave计算机现在已经被确认是利用量子力学原理进行运算的设备了。量子退火方式的稳定性要远远高于量子门方式。

给量子比特施加横向磁场

那么，D-Wave量子计算机是怎样进行运算的呢？它的原理是用金属铌制成的微小电流环形成量子比特，直接实现量子退火现象，也就是说，它采用与经典计算机截然不同的方式执行运算。

　　量子比特处于0和1的叠加态，即既是0，又是1。金属铌电流环冷却至接近绝对零度时，会出现顺时针方向的电流与逆时针方向的电流并存的状态，也就意味着两种状态实现了叠加。如果将电流环内的逆时针方向的电流看作1，那么顺时针方向的电流就相当于0，0和1可以分别用向上和向下的箭头来表示。

　　量子计算机利用量子比特来解决组合优化问题，并不能直接计算，而是必须先把组合优化问题转换为寻找伊辛模型能量最低状态（基态）的问题。

　　伊辛模型是一种数学模型，表示量子比特等具有0和1两种状态的物质排列整齐，形成晶格的样子。伊辛模型会在相邻阵点上的量子比特之间引入相互作用。也就是说，一个量子比特是0还是1，要受到相邻量子比特的状态的影响。通过调整权重，规定量子比特会受到哪个量子比特的影响，以及受影响到什么程度，便可以使伊辛模型对应各种组合优化问题。

　　也就是说，使用D-Wave量子计算机解决组合优化问题，首先必须根据需要解决的组合优化问题，选择使用多少量子比特，并规定其受到相互影响的程度。即根据具体问题，规

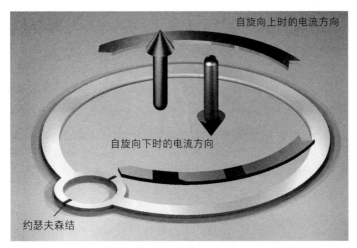

在超导状态下，D-Wave研发的金属铌电流环内同时存在顺时针方向的电流和逆时针方向的电流。Johnson et al. Nature 473,194–198（2011）。

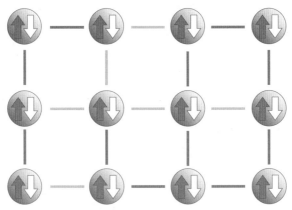

使用伊辛模型解决组合优化问题，必须在其中体现出量子比特之间的相互作用。向上的箭头表示0，向下的箭头表示1。

定当相邻量子比特为0时，使某个量子比特在多大程度上变成0或者变成1的参数。

或许有很多人会感到这些说明离现实生活太远，因此难以理解。本书在第3章和第5章还会再次介绍量子比特，也会在第3章重新解释伊辛模型，所以在这里，大家不妨简单地把量子比特理解为能够在相互作用下选择取值为0或1的系统就可以了。

接下来的内容可能会更令人感到不着边际。采用量子退火算法进行计算，首先要从量子比特处于0和1的叠加态时开始。要在彻底消除量子比特间的相互作用的同时，施加被称为"横向磁场"的控制信号。这么一来，量子比特会更容易同时既向上又向下，从而实现0和1同时存在的奇妙状态。

然后在逐渐减弱横向磁场的同时，增强量子比特之间的相互作用。这样一来，每个量子比特会逐渐趋于上或下中的一个特定方向。横向磁场为零时，量子比特将会彻底变成0或1的其中一个。这个结果便代表了组合优化问题的答案。

通过量子隧穿效应找到答案

可能很少有读者刚读到这里，就能完全理解为什么D-Wave

量子计算机可以解决组合优化问题。尤其前面说的横向磁场到底是什么，一时之间是很难理解的。不过我们姑且把这些细节问题放到一边，大家只需要记住，量子退火的特点就是通过施加横向磁场，制造 0 和 1 并存的状态，从而实现更高效地求解。

将横向磁场减弱为零之前的时间越长，得出正确答案的可能性越大。但实际上，由于现行技术手段下量子比特能够同时为 0 和 1 的时间的限制，计算一般会在几十微秒后结束。不过同样的过程会重复数千次，然后从中选出最优值作为答案。因此，量子计算机最后得出的结果也很有可能不是严密解，而是近似解。

前文提到要将组合优化问题转换为寻找伊辛模型的基态的问题，基态是指"能量最低的状态"。施加横向磁场，是为了利用量子隧穿效应更高效地找出能量最低的状态。模拟退火算法使用概率搜索代替横向磁场寻找最优解，在解决某些组合优化问题时，很有可能找到的不是能量最低解，而是能量比较低但还不够彻底的解。而量子退火则可以借助量子隧穿效应克服这一缺陷。

那么为什么量子退火能够高效解决组合优化问题？

D-Wave量子计算机如何实现这个过程？还有，它如何应用到人工智能中？这些问题我们会在接下来的章节中一一解答。第2章将回顾D-Wave公司研发量子计算机的经过，也会再次介绍量子退火到底是什么。

量子退火机的诞生

D-Wave公司

本书作者西森与当时还是博士研究生的门胁在1998年合写的论文中提出的量子退火理论，是借助纸、笔以及小小的个人电脑构思出来的。这种算法可以利用自然现象，比传统方法更高效地解决某类组合优化问题。

为了运用量子退火算法，我们自然首先想到在经典计算机上模拟量子退火。然而，有一家创业公司制造出了能够直接应用量子退火算法的硬件机器，它就是D-Wave公司。

直接实现量子退火现象，确实可以进一步提高求解的效率。而且这种计算机在算法上直接应用了量子力学原理，因此也应该可以称为"量子计算机"。不过用硬件来实现书斋中的理论，这一想法非常具有创造性，作者本人却未曾想到。

那么，加拿大的D-Wave公司究竟是一家什么样的公司呢？

1999年，尚在英属哥伦比亚大学研究生院学习物理学的乔迪·罗斯牵头创立了D-Wave公司。他同时还是一名运动

D–Wave公司创始人——乔迪·罗斯（照片由D–Wave公司提供）

员，在力量举重、沙滩排球、柔道等多个领域得过冠军。

罗斯读了介绍量子计算机原理的《量子计算探索》[①]一书，对量子计算机产生了浓厚兴趣。此外，他在创业论课程上深受启发，并获得"创业论课程"授课教授的资金支持，创立了D-Wave公司。在量子计算机究竟能否实现尚是未知数时，罗斯就成立了研发量子计算机的公司。

———————————

[①] 『量子コンピューティング―量子コンピュータの実現に向けて』C・P・ウィリアムズ／S・H・クリアウォータ著、西野哲朗／荒井隆／渡邉昇訳、シュプリンガー・フェアラーク，原书名为*Explorations in Quantum Computing*。

将公司名字定为D-Wave，是因为他们最初研发的量子比特使用了"d波超导体"材料。d波超导体是指高温超导体，他们曾尝试通过高温超导制备量子比特，但未能成功。

起初，罗斯团队希望投资与量子计算机相关的知识产权项目，却发现这一领域几乎为空白状态，便开始摸索自己研发。然而，这条路并非坦途。这也难怪，因为当时量子门被认为是实现量子计算机的唯一方法，而量子门方式的量子计算机的实现还必须克服巨大的技术挑战。

费曼的构想

著名物理学家理查德·费曼最早提出了量子计算机的概念。1965年，费曼因提出量子电动力学的"重正化理论"而与朝永振一郎等一同荣获诺贝尔物理学奖，他还以诙谐幽默的散文闻名。费曼指出，世界上所有物体的运动都遵循量子力学规律，因此只要制造出可以巧妙利用量子力学原理的计算机，便能高效率地模拟各种问题。

近年来，运用量子力学原理进行运算的计算机引发广泛关注，其背景是人们已经意识到了经典计算机的性能的极限。我们平时使用的计算机一直是通过半导体元器件加工过程的细微化来提高性能的。加工过程的细微化即提高其集成密度。著名的摩尔定律指出，半导体的集成密度每隔18个月便会增加一倍，[①]这是半导体制造商英特尔公司创始人之一戈登·摩尔在1965年提出的。虽然迄今为止这条定律一直还是有效的，但它也终将迎来极限。

细微化本身是有限度的。为制造计算机芯片而在主板上画出的线条，不可能比构成物质的原子更细。越来越多的人开始意识到，通过不断细微化来提升经典计算机的性能已经接近极限。

另外，还有一件事也促使众多研究者纷纷投身量子计算的研发领域。1994年彼得·肖尔发现了通过量子计算进行大数因数分解的快速算法。[②]这意味着，如今互联网常用的加密系统可以被量子计算机破解。

如今互联网线上交易使用"RAS加密"，就是因为大数组合很难通过因数分解求出质因数。不过在量子门量子计算机上运行肖尔算法，就能轻松求出质因数。

①英特尔公司的网站上刊载了回顾摩尔定律问世50年的内容。http://www.intel.com/content/www/us/en/silicon-innovations/moores-law-technology.htm
②YouTube上可以看到彼得·肖尔本人介绍"肖尔算法"的视频。https://www.youtube.com/watch?v=hOlOY7NyMfs

然而，要制造出量子计算机却是非常困难的。量子门方式的量子计算机用量子比特来替代经典计算机处理器的比特，通过量子比特的组合进行计算。量子比特需要处于0和1的叠加态，而极为微小的噪声都可能导致叠加态坍缩。

由于这个问题很难解决，所以量子门方式的量子计算机只能制造出几个量子比特组合的系统。这样一来，要实现制造和销售量子计算机的宏伟目标，罗斯必须攻克这个难题，研制出能够稳定运行的量子比特。

用超导实现量子比特

量子比特处于0和1叠加态的时间被称为"相干时间"。执行运算必须尽可能延长相干时间。然而，叠加态非常不稳定，一旦受到热源或电磁波的干扰便会立即被破坏。因此，首先需要研发出稳定性高且容易操控的量子比特。

罗斯在2003年结识了埃里克·拉迪辛斯基（Eric Ladizinsky），了解到一种具有划时代意义的方法。拉迪辛斯基从事超导量子干涉仪（SQUID）的研究，将金属铌微小电流环冷却至接近绝对零度来考察其特性。他发现，在极低温条件下，金属铌微小电流环会在量子力学意义上处于正向电流与逆向电流同时发生的叠加态。也就是说，他找到了能够稳定运行的量子比特的候补。

罗斯和拉迪辛斯基决定使用金属铌超导电流环来制造量子计算机。之后他们决定采用量子退火方式，而不是量子门方式，这与美国麻省理工学院教授塞思·劳埃德（Seth Lloyd）和爱德华·法里（Edward Farhi）有关。继西森和门胁之后，法里与搭档在2001年也发表了一篇关于量子退火的论文。[①]他们没有使用"量子退火"这个名称，而是将其称为"绝热量子计算"，不过后来人们认识到，这种算法的思路在本质上与量子退火是一样的。

当时，劳埃德和法里找到罗斯，告诉他"或许可以尝试使用绝热量子计算"，罗斯从他们的建议中受到了启发。这两位麻省理工学院教授虽然是研究理论物理学的，但他们同样希望自己的想法能变成产品。这就是后来量子退火在北美获得迅猛发展的起点。这个经过体现了美国大学与日本大学的不同之处，也是包括本书作者在内的研究者应该反省的地方。

---

① Edward Farhi, Jeffrey Goldstone, Sam Gutmann, Joshua Lapan, Andrew Lundgren, Daniel Preda "A Quantum Adiabatic Evolution Algorithm Applied to Random Instances of an NPComplete Problem" Science20 Apr 2001:Vol. 292 , Issue 5516, pp. 472–475.

但应用量子退火算法的量子计算机，便不再是通用型量子计算机，而是解决组合优化问题或采样问题的专用机器了。有人或许会担忧专用机器的用途会受到限制。但其实组合优化问题、采样问题可以应用于人工智能的核心技术——机器学习中。其应用范围包括图形识别、物流、医疗、金融等广泛领域，研制出能够高速运算的量子计算机将会具有很大的社会应用价值。

此外，采用量子退火方式的一个重要优点是，其系统要比量子门方式更为稳定，因为它能在找到能量最低状态或接近最低状态的同时执行运算。没有能量更低的状态，就意味着系统能够保持稳定，不易崩溃。

商用量子计算机的研发

历经艰难研发，2007年，拥有16量子比特的芯片"orion"终于宣告成功。D-Wave公司使用"orion"进行了小规模的图形识别、数独问题解答等演示，受到人们关注。

首位客户出现在2011年。从事飞机等研发制造的洛克希德·马丁公司决定购买128量子比特系统"D-Wave 1"。对于该公司而言，寻找飞行控制系统的程序瑕疵是一个重要课题，他们一直在寻找能够快速解决组合优化问题的方法。寻找程序瑕疵这一任务可以用组合优化问题来表示。洛克希德·马丁公司发现，同样的问题，使用公司内部的系统需要耗费几个月时间，而D-Wave量子计算机只需几个星期便能解决，便决定购买。他们将这台量子计算机安装在南加利福尼亚大学的信息科学研究所，也向大学研究者们开放。

其实，学术界最初对D-Wave量子计算机是非常怀疑的。因为D-Wave公司虽然大张旗鼓地举行发布会，宣布"研发了16量子比特系统"，却并未积极以论文的形式介绍详情。这种做法明显与科学界的惯例不符。因为无论是如何了不起的发现或发明，只有经过第三方按照论文公开的步骤进行验证，才能得到承认。此外，D-Wave量子计算机参与运算的芯片的量子比特数量远超其他团队，这一点也遭到了质疑。因为采用量子门方式，当时研发出来的量子比特数至多只有五六个而已。因此，当时很多人的看法是"D-Wave公司不太靠谱"。

不过《自然》杂志于2011年刊登了一篇详细调查"D-Wave 1"运行情况的论文，在这之后，情况出现了很大改观。[①]论

---

① W. Johnson et al., "Quantum annealing with manufactured spins" Nature 473,194–198(2011).

文公布的数据证明，这台计算机确实是遵循量子退火原理运行的。到了2013年，谷歌和美国国家航空航天局决定联手购买D-Wave量子计算机之后，"这家公司不靠谱"的传闻也就迅速平息了。

量子人工智能实验室的诞生

2013年，谷歌设立了量子人工智能实验室，由哈特穆特·内文（Hartmut Neven）担任该实验室的负责人，与美国国家航空航天局联手购买了一台D-Wave量子计算机。内文之前在谷歌负责图像识别系统的研发。图像识别系统也可以用于外形酷似眼镜的可穿戴式设备谷歌眼镜。因为对谷歌眼镜来说，眨眼相当于操作电脑时的点击功能，因此需要精密的识别系统来判断使用者是自然眨眼还是在有意识地眨眼。这项技术需要依靠机器学习来实现，可以说正是适合应用量子退火算法的实例。

美国国家航空航天局对量子计算机感兴趣，是因为空间探索离不开资源配置优化的问题。比如，宇宙空间站实验日程安排优化、行星探测机器人行动路线规划等。因此，美国国家航空航天局关注量子退火算法也完全是情理之中的。

奇美拉图瓶颈

谷歌的内文在2015年12月的新闻发布会上提醒人们注意，"只有在特定条件下，D-Wave量子计算机才能以经典计算机无法匹敌的高速度求解"。[1]不过在谈及量子退火的未来时，他则表示"非常乐观"。D-Wave量子计算机对有些问题无法发挥优势，一方面是由于单个量子比特的性能存在上限，另一方面也与量子比特之间的连接方式有关。这些问题如果能在下一代量子计算机的研发过程中得到解决，可供量子退火计算机发挥高性能的空间将进一步拓宽。

本来，所有量子比特都应该相互连接，这样才是最理想的状态。但目前由于硬件方面的限制，D-Wave量子计算机只能实现部分量子比特之间的连接。这种连接方式称为"奇美拉图"（Chimera Graph），是导致D-Wave量子计算机无法直接解决所有组合优化问题的主要原因。目前该公司正在研发能够突破奇美拉图的制约，适用于下一代量子计算机的构架。

除此以外，D-Wave量子计算机还有其他问题。目前的"D-Wave 2X"虽然在设计上有2 000个量子比特，但实际运

---

①「D-Waveの量子コンピュータは「1億倍高速」、米国国家航空航天局やGoogleが会見」ITpro、2015年12月9日。http://itpro.nikkeibp.co.jp/atcl/news/15/120904017

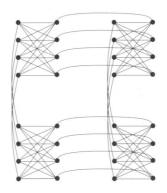

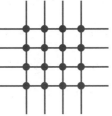

在D-Wave量子计算机的芯片上，并非所有量子比特都是相互连接的。这种连接方式叫作"奇美拉图"（上图），实际上是将8个细长的量子比特在横向和纵向上分别排列4个，在各相交处连接，使其产生相互作用，形成一个奇美拉图单元（下图）。多个奇美拉图单元排列连接到一起，便构成了整个系统。

行的却只有 1 000 个多一点。这意味着其制造工序还有进一步
完善的空间。

那么是不是上述问题得到解决，D-Wave 量子计算机就能
高速解决所有组合优化问题了呢？恐怕也还不能。不过尽管
只能高速解决部分组合优化问题，它也已经具有很高的应用
价值了。只要使用 D-Wave 量子计算机带来的收益足够高，自
然就会有客户愿意立即尝试。

例如，在金融领域，它可以用来构建证券投资组合。投
资组合必须在控制风险的同时实现回报最大化。为此，需要
对股票、债券等多种金融产品进行最优化组合，而且不同金
融产品也会互相受到价格波动的影响，如 "A 产品上涨时 B
产品也会上涨，但 C 产品一般会下跌" 等。在考虑这种复杂
关系的基础上找到最佳组合往往很难。事实上，已经有一些
企业在尝试使用 D-Wave 量子计算机来构建投资组合了。

此外，物流等领域也对 D-Wave 量子计算机有很大的潜在
需求。如果大型物流公司能在全国范围内实现物流优化，即
使只能提高百分之几的效率，也会带来成本的大幅降低。

以上这些都是 D-Wave 量子计算机受到关注的原因。量子
计算机今后极有可能创造出一个广阔的市场，带来巨额的资

金流动。

北美的研究盛况和今后趋势

并非只有D-Wave公司在从事量子计算机的研发。谷歌也在单独研发量子计算机。2013年，谷歌购入D-Wave量子计算机，正式启动相关研究，并于2014年开始着手研发量子门方式的量子计算机。2016年6月，谷歌宣布单独研发量子退火计算机。据说他们会在几年之内研发出拥有多个量子比特的系统，并采用全新思路来解决D-Wave量子计算机量子比特相互连接的难题。

不仅如此，据说谷歌还将使用相干时间远长于D-Wave量子计算机、极为稳定的量子比特。相干时间越长，单个量子比特保持稳定的时间就越长。谷歌在2014年9月宣布，邀请加利福尼亚大学圣巴巴拉分校教授约翰·马丁尼斯（John Martinis）及其研究团队来研发量子门方式的量子计算机。据说马丁尼斯将把为量子门方式研制的高性能超导电路也用于量子退火，从而实现更长的相干时间。

美国政府也加入到了量子退火计算机的研发竞赛中。情报高级研究计划局（IARPA）于2016年启动了旨在研发高性能量子退火设备的大型计划。[①]该计划为期五年，虽然量子比特数量仅为100个，但提出了解决奇美拉图问题，以及实现较长相干时间等超越D-Wave量子计算机的远大目标。可能D-Wave公司毕竟是加拿大的公司，美国还是希望能由自己掌握最前沿技术吧。

如上所述，这几年北美对量子退火计算机的研发显示出极大热情。其他领域的优秀研究人员陆续加入这一领域，相关研讨会、国际学会的参会人数也在不断增加。除了此前一直从事量子门方式研究的人以外，有不少过去在经典计算机科学或基础粒子理论等其他领域从事研究的人也转到量子退火领域，并取得显著成果。在日本很少会看到这种现象。在美国，研究者们发现哪个研究课题很有前景，便会越过学科的壁垒纷纷加入其中。这不只是因为他们拥有充裕的研究资金，还因为在美国的不同领域之间，研究人员可以通过相互交流构建起强大的网络，而且美国也具有不畏变化的文化风土。

那么日本该怎样做呢？如果从零开始，跟在美国和加拿大的后面同样开展量子退火计算机的研发，恐怕日本已经很

---

① IARPA "Quantum Enhanced Optimization (QEO)" 计划的概要参见：https://www.iarpa.gov/index.php/research-programs/qeo/qeo-baa。

难挽回落后的局面。日本应该努力构建比如放眼10年以后的基础理论，或者考虑某项技术在某些重要产业领域的应用等，力争在研究过程中体现出自身的特色。

量子退火理论本是由本书作者西森等人在东京工业大学提出的，就在同一时期，日本电气（NEC）研究所的蔡兆申和中村泰信也在全世界率先实现了用超导电路制成的量子比特。然而，东京工业大学与NEC之间没有交流，因此最终也未能开展合作。而美国十分重视组织间的合作，情报高级研究计划局的计划除了国内，还从世界范围内招集顶尖人才，凭借巨额资金为保障，向着明确锁定的目标，构建起勇往直前的坚定态势。

此外，D-Wave量子计算机还使用了量子通量参变器（QFP）来增强量子比特的信号。量子通量参变器是东京大学后藤英一教授在1986年发明的。也就是说，在美国国家航空航天局和谷歌宣布速度"快1亿倍"的量子计算机中，有很多技术要素都是日本学者研发出来的。

面对这些事实，或许有人会感到日本科学技术正面临着危机。不过，日本也还有很大可能扭转局面，后面的章节将会详细介绍。

第 3 章

最优化问题的解法和
人工智能领域的应用

如何解决流动推销员问题

本章介绍量子退火如何解决组合优化问题，并在此基础上说明D-Wave量子计算机最终如何应用到人工智能领域中。

作为组合优化问题的代表性事例，人们首先想到的就是流动推销员问题，即求解推销员必须走访多个城市时，采用哪条路线效率最高的问题。推销员要把每个城市都走访一遍，最后回到出发的城市，移动距离之和最短的路线即为答案。

这个问题首先要从如何用"比特"表示流动推销员问题开始。这一部分与量子并没有直接关系，所以也可以把它想象成状态为0或1的普通比特。

为了简化问题，我们假设推销员要走访的城市为5个，分别用A、B、C、D、E来表示。因此解决这个问题需要5×5，即25个比特。这25个量子比特可以想象成下页图中所示的5行5列的排列状态。

纵向的列表示城市A、B、C、D、E，横向的行依次表示第一个访问地、第二个访问地、第三个访问地……假设出发

用"比特"表示流动推销员问题

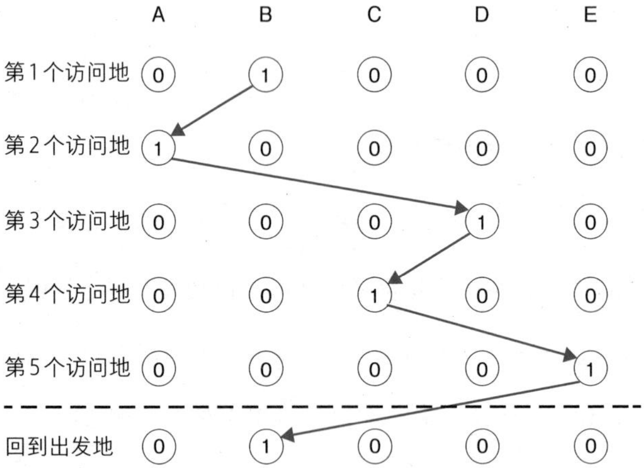

用以上量子比特组合，表示流动推销员问题中，推销员按照 B→A→D→C→E 的顺序
访问各个城市。

地点为B，那么在第一行中，B的比特状态为1，其余字母的
比特状态为0。如果下一个访问地是A，那么在第二行中，A
的状态为1，其余字母状态为0。

　　像这样，如果按照 B→A→D→C→E 的次序，最后再回
到B，那么就会出现如图所示的1和0的排列状态。这条路线
的移动距离为 B→A、A→D、D→C、C→E、E→B 的距离
之和。

　　为了找出移动距离之和最小的路线，需要事先规定出各

个比特之间的相互作用。例如，如果第一个访问地为B（比特状态为1），那么就需要规定相应的相互作用，使第一行其余比特的状态为0。

如图所示，在"第一个访问地"这一行的5个比特之间的相互作用下，每一行都只会出现一个1。对列也需要同样规定相互作用，使每一列只能出现一个1，推销员对同一个城市的访问次数不能超过两次。

接下来，还需要将第1行中的B与第2行中的A、C、D、E等比特之间的相互作用规定为根据相互之间的距离取相应的值。也就是说，如果A离B最近，那么相互作用必须使在第2行中，A最容易被选中。当然，这是只考虑第1行和第2行时的情况，但实际需要考虑将5个城市全部走完的整体路线，因此第2行最终并不一定会选A。

设定了所有比特间的相互作用之后，接下来就是用量子计算机执行运算。采用量子退火方式时，实际上硬件会执行以下操作。首先从所有比特（此处为量子比特）处于0和1叠加态启动。横向磁场能够实现量子比特处于0和1叠加这一量子力学所特有的状态。施加横向磁场，可以使量子比特处于既为0又为1的神奇状态，这种现象称作量子涨落，可以理解为量子比特在0和1之间涨落。此时量子比特之间的相互作用是处于关闭状态的。

之后随着时间的延续，逐渐减弱横向磁场，同时增强量子比特间的相互作用。这样一来，前面提到的路线特征（如某两个城市相距最近等信息）便会被输入系统，系统开始寻找最短路线。这期间需要借助微弱的横向磁场的作用，在0和1的涨落之间找出答案。最后横向磁场归零，每个量子比特都变为确定的0或者1的状态，代表了最短路线的答案。

什么是退火

乍看上去，量子退火计算机所做的可能并不像计算。经典计算机是遵循预先规定的详细算法，依照步骤反复运算，从而得出答案的。而采用量子退火方式，只要设定好相互作用，施加横向磁场，之后使其逐渐减弱，便能找到答案。量子计算机不需要指定中间步骤中的运算方法，直接利用量子力学原理求解，正是大自然找出的答案。

如果一定要找个比喻的话，这个过程就像雨水会在地形复杂的区域寻找地势最低点，自动汇集到低洼的盆地，显示出答案。求解最优化问题可以视为寻找能量最低状态（基态）

的过程，所以用雨水来比喻也并非毫无道理。不过与普通雨水不同的是，在量子退火中，如果雨水没有到达最低处，而是聚集到次低的盆地时，它并不会滞留于此，而是能够利用量子力学的力量在拦阻水流的山脉底下挖出一条隧道，从而最终抵达最低的盆地（量子隧穿效应）。这就是量子退火能够解决最优化问题的秘密所在。

　　前面为了便于说明，将流动推销员需要走访的城市设定为5个。城市数量为5个时，共有120条路线。这种情况使用经典计算机逐一计算也能立刻得出答案。不过如果城市的数量为30个，那么就像第1章介绍的，所有路线的数量就变成了2.7×10^{32}个。如果逐一计算每条路线所需的时间，即便是超级计算机也需要至少8亿年才能算完。然而理想的量子退火计算机则仅需要30×30，即900个量子比特便能很快完成计算。[①]

　　那么，接下来再来介绍量子退火这个名称的含义。量子退火中的量子很容易理解，指这种方式利用了量子力学的原理。而退火这个词则可能对大多数人来说比较陌生，它来源

---

① 实际上，目前的量子退火量子计算机由于各种条件的制约，距离理想状态尚有很大距离。

于金属退火，即将金属的温度提高到一定程度后再慢慢地进行冷却，从而去除内部的形变，实现均质化的处理方式。量子退火计算机通过数学模型来应用这种方法。

这种数学模型称为伊辛模型。在伊辛模型中，网格的每个点上都有电子自旋。顺时针旋转的自旋和逆时针旋转的自旋分别对应着0和1。

我们从孩童时代起就很熟悉磁铁，电子自旋正是磁铁的铁磁性的来源。电子自旋都朝向同方向时会产生很强的铁磁性，伊辛模型从数学上表现了这一形态。

此外，每个自旋与其他自旋之间都存在相互作用。成对的自旋是在方向相同（都是顺时针或逆时针）时更稳定（能量更低），还是方向相反（一个顺时针，另一个逆时针）时更稳定，要取决于相互作用的值。比如，在我们都很熟悉的磁铁中，相互作用使相邻自旋更容易朝向相同方向。也就是说，两个自旋之间的相关程度被称为相互作用。

在统计物理学领域，很早之前就有很多关于伊辛模型的研究。用伊辛模型表示最优化问题，用温度作为计算机上的变量，通过加热（改变温度）来求解组合优化问题，这种方法叫作模拟退火算法。

伊辛模型中电子自旋之间的相互作用

相互作用为+1时，两个自旋在方向相同时更为稳定。如果相互作用为–1，则自旋方向相反时会更稳定。电子自旋用向上的箭头表示顺时针方向，用向下的箭头表示逆时针方向。

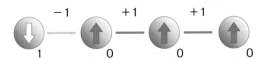

如上图所示，如果4个自旋之间的相互作用为–1、+1、+1，则最左端的自旋向下（比特为1），其余3个自旋向上（比特为0）。

本书作者西森与门胁在1998年合写的论文中提出了运用量子退火求解组合优化问题的构想，并与模拟退火进行了比较。我们的研究结果显示，量子退火得出正确答案的速度更快，准确率也更高。

模拟退火算法通过加温实现涨落，而量子退火算法则通过横向磁场，采用量子力学方法来实现涨落。虽然都是涨落，效果却截然不同。通过加温方式实现的涨落使自旋倾向于0或者1，而量子退火实现的涨落则能实现同时具备0和1两种可能的叠加态。

这篇论文发表当时，采用应用了量子力学的算法，使用量子门方式的量子计算机来高速解决问题的相关研究最为普遍。而量子退火则基于截然不同的思路，我们完全没有想到能在硬件上将它付诸实践。后来，需要用到组合优化问题的社会需求越来越多，于是出现了D-Wave等创业公司，量子退火才有了今天的发展。

穿过能量之山

利用量子退火算法解决组合优化问题，需要根据量子比特之间的相互作用计算出整体能量，从而找出能量最低点（基态）的位置。如果使用20量子比特，每个比特都能取0和1两种状态，那么将会产生共计2^{20}（1 048 576）种组合。运算的终极目标就是从这些数量庞大的组合中找出能量最低点，能量最低的组合即为严密解。

能量可以用下页的图来表示。纵轴代表能量，横轴代表每个量子比特为0和1的各种组合。

模拟退火也同样利用能量进行计算。要找到命题的解，首先需要随机选择初始地点，然后随机对各种不同组合进行搜索。这种方式借助热波动使比特成为0或者1的状态，同时找出能量最低的位置。由于模拟退火算法是通过随机变化求解的，所以除了移到能量比目前更低的地点之外，也有一定概率会移到能量更高的地点。模拟退火算法不仅指向能量较低的地方，也可以移动到能量较高的地方，因此能够越过眼前的山峰，到达另一侧能量更低的地方。模拟退火最初需要设定较大的概率变化空间，确保大幅移动的可能性，之后随着时间的经过，会逐步缩小移动幅度，从而确定最终结果。

模拟退火具有通用性，对任何组合优化问题都能用同样的方法来解决，只要确定了问题，不用再考虑烦琐的算法就能得出答案。但如果不投入充分的时间进行搜索，模拟退火

相互作用的能量图

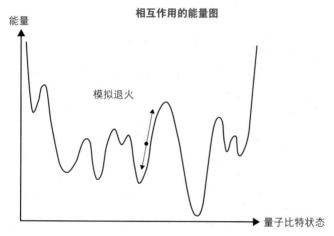

量子退火与模拟退火的能量图是相同的。模拟退火中，能量不仅能向较低位置移动，也能向较高位置移动。

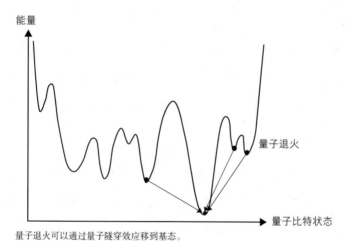

量子退火可以通过量子隧穿效应移到基态。

有可能无法找到代表严密解的基态。这也就意味着，如果时间过于匆忙，就有可能无法到达能量最低处，在能量次低或次次低处结束运算。

量子退火首先将体现了组合优化问题具体情况的相互作用设定为零，施加横向磁场，即从每个量子比特都处在0和1完全叠加、具备两种可能性的状态开始。这是因为开始时不知道答案，所以必须保留所有可能性。随着时间的流逝，减弱诱发叠加态的横向磁场，增强相互作用的影响。这样一来，需要求解的最优化问题的具体情况便会传递给量子比特，能量图的形状，即山峰或谷底（盆地）的情形会逐渐清晰起来。最后，彻底消除横向磁场，能量图便会呈现出与采用模拟退火时相同的形状。在这一过程中，量子隧穿效应可以轻松地穿过山体，从一个盆地抵达另一个盆地，从而找出正确的解。

在模拟退火中，从一个盆地移动到另一个盆地，需要施加足够的能量才能翻越高高的山顶。刚开始随机运动的影响较强时，可以实现这种移动，但在随机性逐渐减弱的最后，移动会变得比较困难。为此，要取得严密解，必须花费大量时间，谨慎探寻。

而量子退火的初始状态是所有量子比特都处于0和1的叠

加态，也就是0和1完全同时存在的状态。随着时间的经过，相互作用逐渐增强，会使量子比特的状态相应地变成0或1。在这一过程中，量子比特在受到量子涨落影响的同时，慢慢呈现出能量图中山峰和谷底的形状，从所有状态中找到较好的状态，最终能够穿过能量图中的山体部位，抵达基态。

西森与门胁在1998年所写的论文中运用模拟退火和量子退火对数种伊辛模型进行求解，其结果均明显证明量子退火的速度更快、准确率更高。但由于当时只有很少人能够理解这个结论的重要性，所以这篇论文在几年期间几乎没有受到任何关注。作者也领略了新领域开拓者的艰辛，假如当时周围的环境氛围只顾追逐立竿见影的成果的话，说不定我们还会面临研究经费枯竭的危机。

求解四色问题

再举一个组合优化问题的例子——四色问题。要将平面地图上两两相邻的地域都涂上不同颜色，需要多少种颜色才够用？这是数学领域的一个经典问题。19世纪后半叶起，有不少数学家挑战过这个问题，但直到20世纪后半叶才终于有人证明出只要四种颜色就够了。

例如，我们可以想象一下东京23区的地图。要给每个区与相邻的区涂上不同颜色，应该如何用量子退火的方法来解决这个问题呢？可以准备红、绿、蓝、黄四种颜色，用4个量子比特来表示每个区使用哪种颜色。也就是说，如果某个区为红色，那么这个区的量子比特就是1、0、0、0。相互作用可以设定为当红色为1时，表示绿、蓝、黄的量子比特为0。

接下来，假设将东京工业大学所在的目黑区涂成红色，那么与目黑区相邻的世田谷区、涩谷区、品川区、大田区这四个区就必须是红色之外的其他颜色。也就是说，这些区中代表红色的量子比特必须为0。

像这样设定好量子比特间的相互作用之后，首先要消除相互作用，从施加横向磁场的状态开始。然后逐渐减弱横向磁场，同时增强相互作用，最终就会得出每个区应该涂成什么颜色的答案了。

像这样，使用量子退火解决组合优化问题时，无论是什么问题，都要先设定量子比特间的相互作用，然后施加横向磁场，这个顺序是完全相同的。不同的部分只是需要根据不同问题来设定相互作用。而量子门方式的量子计算机则必须根据每一个具体问题详细设计相应的算法。这是它与量子退

用"比特"表示四色问题

	红	绿	蓝	黄
目黑区	1	0	0	0
世田谷区	0	1	0	0
涩谷区	0	0	1	0
品川区	0	1	0	0
大田区	0	0	0	1

这是东京23区的四色问题。相邻的两个区颜色不能相同。如果目黑区是红色，那么与之相邻的四个区都必须是红色以外的其他颜色。世田谷区和品川区不相邻，因此可以使用相同颜色。

火的最大不同。

看到这里或许有人会认为，只要拥有D-Wave量子计算机，就能对所有组合优化问题得出严密解了，然而现实却并没有这么简单。因为很多时候，由于硬件方面的制约，无法直接设定出求解所需的相互作用。

D-Wave量子计算机采用由8个量子比特组成1个单元的结构（参见第41页图）。在单元内部，多个量子比特之间相互连接，但不同单元的量子比特之间的连接却很有限。这个问题导致有些组合优化问题无法直接映射为量子比特间的相互作用，因此较难用来解决实用型问题。

D-Wave量子计算机的这种量子比特连接方式称为奇美拉图。谷歌和美国政府的情报高级研究计划局计划研发的量子退火计算机没有采用制约很大的奇美拉图，而是试图构建多个量子比特直接连接的构造。D-Wave公司目前正在研发可以突破奇美拉图制约的下一代设备。

机器学习与深度学习

接下来，我们再来看看量子退火计算机与人工智能之间的关系。

人工智能是指可以像人类一样学习并做出判断的计算机程序，现在已经逐渐融入我们的日常生活中。比如，用来搜索从家到目的地的路线的App，电商网站根据你上次买的一本书而推荐另一本书的关联商品推荐服务等，都可以称为广义的人工智能。

在今后的时代，人类觉得麻烦费力的工作、人工成本过高的工作等，将越来越多地被人工智能所代替。此外，还有一些人工智能在处理某个特定任务上的能力远远超过人类，这成为人们关注的焦点。

AlphaGo就是这类人工智能的代表。2016年，谷歌旗下的DeepMind公司开发的这一围棋程序以4胜1败的成绩击败了在围棋界具有"魔王"之称的专业棋手李世石。DeepMind是2010年成立于英国的一家人工智能创业公司，2014年被谷歌收购并纳入旗下。

比起国际象棋和日本象棋，围棋的路数更多，计算量尤为庞大。虽然在国际象棋和日本象棋领域已经出现了能够战胜人类的人工智能，但人们一直以为在围棋领域还是人类更胜一筹。因此，有很多人预测AlphaGo和李世石的对弈会是人类棋手取胜，但最后的结果却是AlphaGo以绝对优势赢得了比赛。

　　能够战胜如此强大棋手的人工智能是如何实现的？为了解答这个问题，我们需要先简单回顾一下人工智能的发展历史。

　　现在的人工智能热潮其实是第三次。"人工智能"一词最早诞生于1956年，是当时在美国达特茅斯大学参加会议的研究者最先开始使用"Artificial Intelligence，AI"这个词的。

　　20世纪60年代出现了第一次人工智能研发热潮。这一时期的人工智能可以在特定条件下与人类互动，出现了简单的谜题、日本象棋或国际象棋等程序。但现实问题要复杂得多，当时的技术还远远无法胜任。就这样，到了20世纪70年代，最早的人工智能热潮便渐渐消退了。

　　第二次人工智能热潮出现于20世纪80年代。这一时期，向计算机输入大量知识，使其模仿专家的判断过程的人工智能受到关注。比如，医疗领域出现了通过向患者提问，由计算机代替医生看病的系统。这种方法在某些领域看似行得通，但由于很难将专家所掌握的全部知识悉数用语言记述下来并灌输给计算机，这次热潮最终也渐渐冷却下来。

　　第三次热潮是由以计算机的硬件发展和大量数据的出现为基础的机器学习，特别是深度学习引发的。机器学习是指程序根据输入的信息（即数据）自动进行学习，从而掌握识别和预测能力的功能。深度学习指利用多层构造的"神经网络"的机器学习。利用多层构造的复杂性，深度学习能够巧妙地掌握各种情况，完成复杂任务。

比如，图像识别领域可以用计算机读取图像数据，通过机器学习让其做出"这是兔子"或"这是乌龟"的判断。过去，人们必须将"全身毛茸茸的是兔子""有壳的是乌龟"等兔子和乌龟的特征全部详细地教给计算机。而通过现在的技术，人类不必输入这些详细信息，计算机也能从大量的图像实例中自动学到兔子和乌龟的特征。采用这种方法，高速计算机根据大量数据不断学习，大大提升了图像识别的准确率。

AlphaGo将已在图像识别领域取得显著效果的深度学习方法用于围棋，因此变得十分强大。人们无需将棋盘上的局势判断及其标准等一一输入计算机，根据计算机之间多次博弈所积累的庞大数据，计算机便能够自动构建战术，最终战胜人类。其成果令人惊叹。

通过量子退火进行聚类分析

机器学习大致可分为有监督学习和无监督学习两种。前者需要通过例题及答案组合的形式，针对大量的输入数据，向系统提示需要输出的其所代表的名称、属性和数值等。通过不断学习，系统便能够准确地表示出输入与输出的关系。这种方式就好比是拼命学习老师给出的例题和答案。而无监督学习则不用老师提示正确答案，只根据输入的数据，计算机便能自动学会输入数据的构造和特征。

识别出对象图形是猫还是狗的机器学习是有监督学习。而就像人类在看到某个图像时能察觉到这张图像与另一张图像很像一样，机器（计算机）也能根据一定标准，区分出相似的图像或不相似的图像。这种分类便是无监督学习中的聚类。这一过程也可以用组合优化问题来表示。

除了图像之外，聚类还可以用来进行文本分析。以新闻网站上的报道为例，报道可以分为政治、经济、演艺、体育等各种类别。人们在阅读报道时，能够根据自己对内容的理解大致判断出它属于哪一类话题。要让计算机进行同样的工作，最基本的判别方法是对报道中出现的词加以比较，如果相似的词较多，就属于同一类话题；如果词的相似度较低，就属于不同的话题。聚类可以通过这种方法将新闻报道划分到不同的话题分类中。

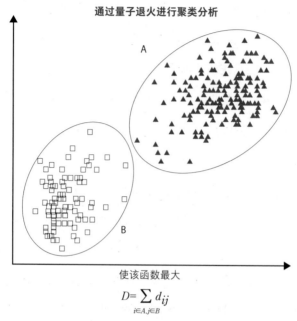

通过量子退火进行聚类分析

使该函数最大

$$D= \sum_{i \in A, j \in B} d_{ij}$$

运用量子退火的方法，可以对属于A和属于B的所有点进行配对，计算所有组合的距离之和，找到能使该数值最大的组合。

　　使用量子退火执行聚类分析，首先需要确定代表不同类别的各自特征的参数值。比如，对新闻报道进行分类时关注10个词，将每个词出现的次数设定为参数，就会得到10个数字。上面的图表经过简化，只显示了关注2个词时的情形。每一篇报道都有2个数字，体现为平面上的一个点。查看大量报道，便可以标出大量的点。两点之间的距离越近，说明两篇报道的相似度越高。

下面再看如何将图表上的点划分到A、B两个类别。可以给各个点暂且贴上A或B的标签，然后测量属于A的点和属于B的点之间的距离，接下来再求出由两个点组成的所有组合的距离之和。合计数值最大时，说明已经清晰地划分成了A和B两个类别。系统会将每个点分别归类到A和B中，使其满足距离之和最大这个条件。如果用比特来代表每个点，假设取值为0时表示A，取值为1时表示B，接下来就可以用量子退火得出答案了。

用D-Wave量子计算机进行采样

机器学习中应用的神经网络是一种借鉴了人类大脑神经细胞网络的信息处理系统。大脑内部有几百亿个神经细胞，每个神经细胞都通过长长的突起（轴突）与其他神经细胞相连。电流信号经由轴突传导至其他神经细胞，收到信号的神经细胞在满足条件时便会将信号传递给下一个细胞。

神经网络系统以此为模型，每个神经细胞会收到多个神经细胞传递来的信号，并在对这些信号设置权重后，将其传递给下一个细胞。神经细胞彼此相连的状态与量子退火中量

神经网络示意图

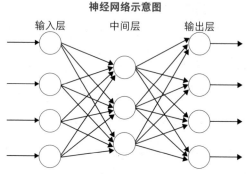

在以神经细胞为原型的神经网络系统中，每个神经细胞都会从多个神经细胞收到设有权重的信号。权重与量子比特之间的相互作用相似。

子比特的连接状态相似。神经网络给信号设置的权重也与量子比特之间的相互作用颇为相似。

有监督学习会反复进行如下操作：将最后输出的结果与正确答案相比较，如果输出结果偏离正确答案，则调整权重，使其更接近正确答案。也就是说，在最后得到正确输出之前，系统会不断调整权重，使计算机学习到输入与输出之间的关系。

那么用量子退火应该如何操作呢？之前要解决组合优化问题，都是通过设定量子比特之间的相互作用，施加横向磁场来进行运算的。也就是说，已知相互作用，需要求出组合优化问题的解。而机器学习的情况则与之恰恰相反，是已经知道答案，需要探寻的是能够得出这一答案的相互作用。

　　只要掌握了相互作用，学习用的例题自不必说，即使面对学习时没遇到过的新数据，系统也能输出正确答案，也就是做出正确判断。这就是通过机器学习获得的智能。人们希望利用这项技术开发出能够处理多种任务的人工智能。这就像是学校学到的知识（例题）本身在我们走上社会之后未必都能直接发挥作用，但通过勤奋学习锻炼头脑，可以帮助我们在遇到学校没有学过的状况时，也能适当处理。

　　如果能求出可以得出例题答案的量子比特之间的相互作用，就意味着机器学习取得了学习成果，这个系统便可以推向社会解决实际问题。量子退火就是通过这种方式应用在人工智能领域的。

　　此外，目前还有研究正在尝试将 D-Wave 量子计算机用于玻尔兹曼机器学习。玻尔兹曼一词源自为统计力学奠定了基础的物理学家的名字。为了将伊辛模型这一统计力学领域中的数学模型应用到机器学习领域，人们给它冠上了"玻尔兹曼机器学习"的名称。玻尔兹曼机器学习在机器学习中属于运算时间尤其长的一类，研究者们希望借助 D-Wave 量子计算机这种新型硬件设备来解决这个问题。

玻尔兹曼机器学习也会用到神经网络系统。不过玻尔兹曼机器学习的特点是会为输入和输出数据赋予随机变化。首先尝试输出数据，然后与实际数据进行比对，看相差多少。尝试输出数据的过程被称为采样。高效率采样很难实现，在经典计算机上会非常耗费时间。

D-Wave公司的研究人员表示，他们的量子计算机可以用来进行采样。[①]如果能忠实再现出量子退火的过程，应该可以求出严密解，但现阶段由于噪声、奇美拉图等的制约，D-Wave量子计算机尚无法做到这一点。因此它最终输出的结果会稍微偏离严密解。不过由于运算速度非常快，因此D-Wave量子计算机可以不断输出。

这个特点恰好适合用于采样。有研究发现，如果进一步研究采样所得数据的特征并加以充分运用，便能得出超越过去的学习方法的结果。[②]最近一段时间以来，越来越多的研究开始讨论D-Wave量子计算机在机器学习中所能发挥的作用，也是因为比起解决最优化问题，它其实更擅长采样。

---

① Mohammad H. Amin et al., "Quantum Bolzmann Machine" arXiv:1601.02036 (2016).

② Marcello Benedetti, J. Realpe-Gomes, Rupak Biswas and Alejandro Perdomo-Ortiz, "Estimation of effective temperatures in quantum annealers for sampling applications: A case study with possible applications in deep learning" Phys.Rev. A 94, 022308 (2016).

不过回顾其发展经过可以发现，量子退火算法原本是用来求严密解的。可能有人会认为，既然是采用量子退火方式制造出来的量子计算机，那么它必须要得出严密解，才能说是"成功"吧。不过这种理解有失狭隘。如果将量子退火计算机看作短时间内可以得出多个近似解的采样专用计算机，那么就相当于在求严密解上的失败在其他方面发挥了作用。这个例子恰好证明，结果不尽人意时，尽早放弃或调整方向，尽力尝试全新道路，这种积极心态才是催生创新的关键。

第 **4** 章

量子计算机创造的未来

聚集在北美的研究者们

较短时间内，量子退火算法量子计算机的研发便在北美获得了迅猛发展。

加拿大D-Wave公司推出超过1 000量子比特的"D-Wave 2X"，并预计于2017年制造出拥有2 000量子比特的量子计算机①。此外，他们还积极研发量子计算机的新型结构，旨在消除导致性能瓶颈的奇拉美图结构。

硬件的发展很容易引来关注，但如果没有软件，计算机只不过是空箱子而已。D-Wave公司附近成立了多家从事软件开发的创业公司。为了让不了解伊辛模型或量子退火的用户也能像使用普通计算机一样，使用量子计算机解决现实生活的组合优化问题，他们正在迅速开展汇编程序、编译程序、应用程序以及友好的人机界面等研发工作。也可以说，这些

---

① D-Wave公司的拥有2 000个量子比特的量子计算机已于2017年1月面世。——编者注

公司都希望能够建立软件方面的"事实标准"①。有一位研究人员在D-Wave公司的最新用户洛斯阿拉莫斯国家研究所工作，他正在上小学的女儿用D-Wave量子计算机编了一个程序，按照班上同学们相互之间的喜爱程度将他们分成了两组。她是世界上第一个在学会使用普通计算机程序之前便先学会了量子计算机程序的人。

谷歌在与美国国家航空航天局联手购买D-Wave量子计算机，并对其性能进行测试的同时，也在独立研发属于自己的量子退火计算机。此外，他们也在研发采用量子门方式的量子计算机。虽然有一些一直从事量子门研究的研究人员曾对量子退火持怀疑态度，但在实际研究过程中，这两种技术也正在相互影响。

美国政府机构情报高级研究计划局也启动了研发高性能量子退火机的计划。他们制定了详细计划来克服现有D-Wave量子计算机的弱点，相信其实现必将产生巨大影响。由于情报高级研究计划局的研究成果在原则上是公开的，并会面向民间开放，5年以后（2021年），量子计算机有可能会在美国

---

① 事实上的行业标准，不是由行业组织和标准化机构协商决定的标准，而是指特定企业或企业集团等采用的规格和产品标准等已被行业视为标准的状态。——译者注

成为一大产业。

谷歌和美国国家航空航天局宣布D-Wave量子计算机的运算速度比普通计算机快1亿倍，这是推进相关研究发展的因素之一。虽然只是在解决某个特定问题时的特例，但毕竟最初甚至曾经有人怀疑，世界上根本就不存在哪些问题可以让D-Wave量子计算机以远超普通计算机的速度解决。

有些研究人员曾经质疑D-Wave量子计算机根本不能算是真正的量子计算机，后来却改为选择量子退火作为自己的研究课题。从好几年前开始，北美就出现了类似情形。这多半是因为量子退火计算机已经实际出现在眼前，大家都对其满怀期待，迫切地想知道它运转起来会发生什么。甚至可以说，D-Wave量子计算机就像一件能让大家都回归童心、痴迷于其中的"玩具"。

虽然日本也有人开始研制专门解决组合优化问题的硬件，但火热程度却完全无法与使用D-Wave量子计算机的人们所展现的热情同日而语。北美的盛况已经超越感情层面，形成了一股强大的力量，将优秀人才吸引到这一领域，成为推动相关研究进一步发展的原动力。

那么，速度快1亿倍这一结论究竟是如何得出来的呢？是研究人员分别使用 D-Wave 量子计算机和经典计算机求解某个组合优化问题，然后根据它们各自耗费的时间得出了"快 1 亿倍"的结论。D-Wave 量子计算机是专门用来解决组合优化问题的，不过其设定方式也会影响性能。关于如何才能快速解决最优化问题，仍有很大的研究空间。

另一方面，用经典计算机解决最优化问题可以采用多种方法。谷歌和美国国家航空航天局在本次测试中用到的是模拟退火算法和量子蒙特卡洛算法，并为此投入了相当高的成本。

谷歌拥有由数目庞大的计算机连接而成的数据中心群，用户即便是通过互联网，也能立即得到搜索结果，可见其计算能力非比寻常。不过在经典计算机上解决组合优化问题，即使对谷歌的庞大计算资源来说，也仍旧很难。尽管只是暂时性的，谷歌还是投入了相当大比例的计算资源，本次测试的计算量超乎想象。正如史蒂芬·列维（Steven Levy）在《谷歌如何思考、工作和改变我们生活》（*In the plex: How Google Thinks, Works, and Shapes Our Lives*）一书中描述的，谷歌设计和订购了大量计算机，是世界最大的计算机制造商和使用者，但谷歌尝试使用经典计算机与 D-Wave 量子计算机对抗竟然还是如此艰巨，这实在是令人震惊。

从这个结果可以看出，在解决组合优化问题上，量子退火计算机在有些情况下能够发挥出极高性能。此外，其实还有一个可能是最为重要的事实，即采用超导技术的量子计算机的求解成本（时间、耗电量）可能要远远低于经典计算机。因此，在解决那些在经典计算机上计算需要耗费巨大成本的问题时，量子计算机可以发挥重要作用。从IT领域的耗电量占全球用电总量的10%这一事实（下文会详细介绍）来看，人们还会发现只关注计算速度时所没有看到的一面。

不过仔细阅读谷歌和美国国家航空航天局发表的论文，[①]可以发现论文中有这样一句话："有一种特殊的算法，能够在经典计算机上高速解答本测试中所使用的最优化问题。"据说是因为这种算法不像模拟退火算法和量子蒙特卡洛算法一样具有通用性，所以为了公平比较，未在本次测试中使用。而且据说这种算法求解的性能与D-Wave量子计算机基本相同。这一部分内容在论文中仅占了半页篇幅。可能会有人据此质疑："说量子计算机速度快1亿倍是不是有些夸大其词？"考

---

① Vasil S. Denchev et al., "What is the Computational Value of Finite-range tunneling" Phys. Rev. X6, 031015 (2016).

虑到在实际社会中的应用，D-Wave量子计算机和退火算法等具有的通用性其实非常重要，可以应用于所有最优化问题。其中尤其重要的是，要弄清楚量子退火在哪些问题上能发挥出卓越的性能，在哪些问题上不能发挥出卓越的性能。实际上，这也是当下的一个重要研究课题。

低电力消耗有助于解决环境问题

根据2013年《时代》周刊报道，[①]全球IT行业的耗电量相当于世界总发电量的10%。这个数字可与日本和德国的发电量总和匹敌，相当于全球飞机消耗能源总量的1.5倍。如今，这个数字可能已经有了进一步增加。

此外，据2011年《纽约时报》报道，[②]谷歌公司消耗的电量相当于约20万户家庭的用电总量。这相当于一个核电站的发电量的四分之一。每搜索一次的耗电量与60瓦灯泡持续照明17秒钟的耗电量相同。虽然单次搜索的耗电量微不足道，

---

① "The Surprisingly Large Energy Footprint of the Digital Economy" *TIME*, Apr. 2013. http://science.time.com/2013/08/14/power-drain-the-digital-cloud-is-using-more-energythan-you-think

② "Google Details, and Defends, Its Use of Electricity" *The New York Times*, Set, 2011. http://www.nytimes.com/2011/09/09/technology/google-details-and-defends-its-use-ofelectricity.html

但考虑到庞大的搜索总量，便会发现IT行业的能源消耗量多得惊人，给环境造成了沉重负荷。

IT企业推动了信息化社会的发展，在全球各地都催生了新的产业发展，但同时也面临着高耗电量的严重问题。从对地球环境的影响来看，IT领域消耗的能量居然超过飞机消耗的能量，这就意味着，如果再不采取相应措施，可能IT企业将会受到谴责。

如果谷歌的量子计算机研发取得进展，将该公司所拥有的庞大计算机群中的哪怕一部分替换成量子计算机，那么整体耗电量也将会大幅减少。事实上，据称谷歌要将设立于加利福尼亚州圣芭芭拉的量子计算机研究机构打造成全球最大量子数据中心。此外，尽管量子计算机能够处理的数据量（量子比特数量）还比较少，但这一缺点可以通过与普通计算机的混合得到解决。最初从谷歌研究人员那里听到这个设想时，我的第一感觉是这太不切实际了，不过后来仔细想想又觉得他们也许是动真格的。说起来，在20多年前，谁也不曾想到会有谷歌这样的公司出现，1年前也很少有人会预料到计算机能够在围棋领域打败人类。也许这正是他们不断开创超乎想象的世界的独有作风吧！

假设这个设想得以实现，恐怕用户也意识不到是云端的量子计算机在为自己提供服务吧。搜索服务和地图服务的操作方法仍旧与之前一样，却能受益于这一成果。用户使用相关服务时，或许只会觉得"最近电脑反应更快了""搜索准确度提高了"等。而更为重要的是，后台由此大大减轻了对环境带来的负担。

D-Wave量子计算机是运用超导技术实现量子比特的。冷却超导体也需要用电，但需要处于超低温状态的，只有面积约为1平方厘米的芯片部分，因此耗电量并不大，仅相当于超级计算机京的五百分之一。而且即使以后量子比特数量进一步增加，耗电量也不会有太大变化。谷歌正在研发的量子门方式的量子计算机也使用了超导体技术。

目前，在全世界范围内，有超过3台D-Wave量子计算机在大型研究所或企业投入运转和应用。还有许多企业虽然还没有购买，但也正通过计时付费的形式进行测试。在投资领域，据说D-Wave量子计算机已经被用来构建投资组合，应该是通过云端使用的。

要用量子计算机解决现实问题，除了硬件外，软件的研发也不可或缺。使用D-Wave量子计算机，必须先将组合优化

$$\omega = \mathrm{argmax}_\omega \sum_{t=1}^{T} \left\{ \mu_t^T \omega_t - \frac{\gamma}{2} \omega_t^T \Sigma_t \omega_t - \Delta\omega_t^T \Lambda_t \Delta\omega_t + \Delta\omega_t^T \acute{\Lambda}_t \omega_t \right\}$$

ω：对各证券的投资额（矢量）

μ：平均利率（矢量）

Σ：相关矩阵

Λ：交易成本（对角矩阵）

$\acute{\Lambda}$：买卖的影响（对角矩阵）

1QBit公司开发的用于在金融领域优化投资组合的能量函数。

问题"映射"为量子比特及其相互作用的组合。事实上，有一家名为1QBit[①]的创业公司正在从事与此相关的软件研发，该公司由研究人员和创业者在加拿大的温哥华成立。

1QBit公司已经开发出多款软件，可用于日程优化、投资组合优化等。他们还在研发一种软件，可以不用将组合优化问题全部输入D-Wave量子计算机，而是把它分解成若干部分进行运算，最后再进行统合，以便解决因D-Wave量子计算机规模的限制而无法直接处理的课题。

推动人工智能领域的发展

在量子退火计算机的各应用领域中，最令人期待的是人

---

① 参见http://1qbit.com/。

工智能的发展。谷歌和美国国家航空航天局联手成立量子人工智能研究所，也体现了他们想将量子计算机用于人工智能研发领域的决心。

目前人工智能正迎来第三次热潮。其背景是计算机计算能力的提升、互联网的普及和数据量的大幅增加。通过机器学习，特别是深度学习，可以实现高性能的人工智能，使社会变得更加便利。人们都在期待在不久的未来能够实现这一天。

在图像识别领域，向计算机输入大量猫的图像，通过学习，计算机就能自动提炼出猫的特征。这样一来，计算机便能判断出某一图形是不是猫，还可能输出样本图像告诉我们猫是这个样子的。深度学习是这一技术的核心部分。

在汽车的自动驾驶或驾驶辅助系统等领域，运用人工智能进行图像识别的技术不可或缺。如果无法根据车载摄像头拍到的画面判断对面驶过来的是汽车、是自行车还是行人，便无法决定接下来该进行什么样的操作。虽然量子计算机尚无法在很快时间内实现小型化并装载到汽车上，但其实可以通过连接到云端的方式来应用。

作为对社会影响重大的技术，汽车自动驾驶技术很受关注。它不仅意味着汽车可以在无人驾驶的情况下行驶，还意味着可以将所有汽车连接到网络，采用自动驾驶模式，便有可能解决交通拥堵等各类社会问题。而且将汽车连接到网络，人们还可以享受到各种便捷的服务。

　　比如，我们可以想象一下乘坐未来的汽车外出购物的情形。我们不用开车，说不定那时的汽车连驾驶座位都没有。我们将目的地设定为近郊的超市、药店、冰激凌店、洗衣店，并指示导航最后返回家中。当然，这些设定不用靠按钮输入，使用语音输入就可以了。接下来，系统会提出一套将交通拥堵程度、交通规则等都考虑在内的最佳路线方案。根据具体情况，它或许还会将可能购买生鲜食品的超市和冰激凌店排在路线的最后。

　　开始自动驾驶以后，系统会一边自动测量汽车与前车之间的距离，一边选择最优路线行驶。当摄像头捕捉到突然出现的物体时，系统会判断是该刹车还是该转动方向盘。人工智能无须安装在汽车上，它可以通过云端连接，瞬间便能得出最佳答案，接下来只要传达给汽车便可。如果驾驶的是电动汽车，系统会随时关注电池余量并优先充电。当汽车遇到故障或事故时，系统还会自动呼叫救援服务。

谷歌等多家IT企业现在都通过云平台来提供服务。这些服务需要几百万台经典计算机协同工作，将各种计算结果反馈给使用者。如果将其中一定比例的经典计算机替换成量子计算机，就有可能实现过去无法提供的服务。此外，这样一来，不仅计算速度会更快，提供服务所消耗的电量也会更少。

医疗、体育等领域的应用前景

在医疗领域，运用人工智能进行图像识别的技术也不断取得进展。人工智能可以与电子计算机断层扫描（CT）或磁共振成像（MRI）等图像诊断设备组合起来，用于查找肿瘤等患病部位。医学图像被不断地保存在医院内部的存储装置中，越积越多。假如所有图像都需要由专业医生进行诊断，那么医生为每位病人查看图像数据的时间就会十分有限。事实上，医生没有足够的时间细看所有图像，所以只能挑他们感兴趣的领域或诊断所需部分查看。

如果能设计出一套系统，让人工智能学习经验丰富的医生的知识，并持续监控不断累积的图像数据，发现病变就即时发出提醒会怎么样呢？那么，通过人工智能与专业医生的配合，就有可能让诊断变得更为细致和深入。如果汇集全国数据加以学习，再通过人工智能系统反馈给各个医院，那么患者无论身处何地都能接受相同质量的诊断便不再是梦想了。

人工智能的发展可以在很多领域将人工作业交由计算机处理。也有很多人对此感到抵触，担心自己可能会失去工作，或者担心计算机出错导致不可挽回的结果等。

即使在医疗等需要人与人当面交流的领域，如CT、磁共振成像等图像诊断技术一样，人工智能也可以发挥辅助效果。例如，如果由医生或护士询问饮酒或吸烟的频率，可能有些患者并不愿意如实作答，此时就可以由人工智能大显身手。随身携带的感应器可以自动收集饮酒、吸烟等相关的生活数据，由人工智能根据这些数据进行诊断，便有可能提供更精准的健康指导。服药管理也可以根据每个人的情况分别定制，患者的症状、状态、药物的合用情况等可以作为组合优化问题来求解。根据传感器中积累的数据，系统还可以自动学习各种药物的疗效。这些成果还可以立即反馈到对其他患者的服药管理中。

人工智能还有一些令人意想不到的应用领域，比如说体育运动。目前已经有人通过收集运动员的相关数据，根据其身体状态制定训练方案，借助人工智能，可以进一步提高这种方法的准确率，制定出更符合个体特征的方案。例如可以在训练的同时获取脑电波等数据，将训练的效果数值化，作为学习数据加以利用。这样便可以为具有相似特征的运动员提供切实有效的训练方案。相信人工智能运动顾问将很快就会问世吧。

另外，利用人工智能控制工业用机器人的研究不断取得进展，该技术也可以应用到体育运动中，用机器人来充当网球或乒乓球运动员的陪练。欧姆龙公司的乒乓球机器人正是其代表。[①]它能感知使用者的动作，将球回击到便于对方打回来的地方。当然，也可以让乒乓机器人学习使用者不擅长的路线，将球打到对方不易反击的地方，以便达到训练的目的。可能不远的将来，这种技术就会成为奥运会选手争夺奖牌的得力伙伴吧。

事实上，商业领域朝着这一方向的相关布局已经开始了。苹果手机里名为健康的应用程序，可以自动记录使用者每天行走的步数以及上下台阶数。收集和分析这些数据，便

① 关于欧姆龙公司的乒乓球机器人"Forpheus"的相关信息可以参见以下网址：http://www.omron.co.jp/innovation/forpheus.html。

能提出关于健康生活方式的建议。实际上，现在已经成立了很多使用智能手机的健康产业创新公司，他们根据从使用者那里获取的健康状态数据，或者通过示例数据学习的营养专家的判断标准，然后通过应用程序提供饮食管理或咨询等服务。

也可用于法律和考古学领域

除了看起来与先进技术关系较为密切的 IT 和医疗领域，人工智能在关系较远的文科领域也正在获得越来越多的应用。

法律领域已经实现了人工智能的实用化。美国的大型律师事务所会引进人工智能，根据庞杂的历史判例来找到最适合当前案件的处理方法。这种法律领域通过 IT 实现的技术革新称为"法律科技"（Legal Technology，简称 Legal Tech），正受到很多关注。也是由于这方面的影响，据说律师事务所正在逐渐减少包含律师在内的工作人员的数量。

在金融领域，前文提到，量子退火计算机已经被用来构建投资组合。此外，它也可以帮助金融机构判断是否该向某企业提供贷款。其具体方法为调查该企业的资本金、近期销售额以及今后的预期业绩，根据过去对处于类似情况的企业的贷款信息，将其作为组合优化问题来求解。在今后的时代，是否发放贷款可能将不再由身处复杂人情关系之中的人来决定，而是交由人工智能判断。这是通过IT实现的金融领域技术革新金融科技（Financial Technology，简称Fin Tech）中的一种。

接受贷款的企业也可以在经营决策过程中运用人工智能。大型企业可以借助人工智能实现人力、物力、财力等资源的优化配置。今后也许还会出现通过人工智能提供此类经营决策咨询服务的企业。

以上都是与商业领域有关的情况，在与之迥然不同的学术领域，人工智能也得到了越来越多的应用。比如，古代文献的解析。可能会由于可视光的照射而氧化的历史档案，可以使用X光进行读取。虽然X光有时可能无法得到高像素图像，但利用图像识别技术可以读取出文字。然后再通过自动运行识别文字并根据语法信息等判断其所属年代的程序，便可以提高分析古代文献的效率。

在心理学领域，机器学习也将发挥重要作用。迄今为止的研究方法可以通过实验掌握处于某种环境下的人面对刺激会做出哪些反应，但却很难建立客观的模型来说明人类具有哪些特征。如果通过机器学习，让计算机学习实验结果，或许就能对人类处于其他环境时会做出何种行动进行采样了。

过去，计算机很难处理无法量化的问题，如果能利用人工智能处理难以量化的问题，或者将其表现为组合优化问题，用量子退火计算机求解，那么文科领域便也有可能借助此类技术推动研究的发展。

传感器打造更人性化的人工智能

第三波人工智能热潮的背景之一，是互联网的发展催生了大量数据。在这之前，供计算机学习的数据很难找到。而现在，无论是文本还是图像，互联网上都应有尽有。无论对研究人员而言，还是对想尝试机器学习的非专业人士而言，这都是一个非常有利的条件。

如今，除了互联网，各式各样的传感器也可以产生大量数据。比如，智能手机上就装有加速度传感器、陀螺仪传感器、亮度传感器、全球定位系统（GPS）传感器等各种传感器。也就是说，使用者身在何处、正在以多大速度移动、是否处于光亮的地方等都可以得知，必要时，人们可以一直监测并将这些数据存储起来。使用与智能手机配套的苹果手表等可穿戴设备，还可以持续监测心率、行走步数、睡眠情况、移动距离等活动量。

运用人工智能，可以利用这些数据为使用者提供更为人性化的全新服务。例如某些应用程序可以监测到使用者是在步行，还是在乘坐某种交通工具，还是处于静止状态等信息，如果使用者在乘坐飞机，智能手机可以自动切换至飞行模型，而如果使用者在欣赏音乐会，手机可以自动关闭电源，如果使用者在乘新干线，手机还能自动推荐音乐的播放列表等。

如果使用可穿戴式传感器，那么它可能会在你体温过高时，提醒你喝水；在室内光线过暗时，提醒你开灯；在你身处喧闹的地方时，猜测你拿起手机是出于无聊，于是为你推荐一些新闻网站或者游戏。

传感器无处不在。最近物联网（Internet of Things，IoT）这个词的使用频率非常高。简单地说，物联网就是给所有物体都装上传感器，灵活运用由此得来的数据。借助物联网，人们能够获取至今为止无法收集的数据。比如，在门上安装传感器，就可以得知它曾在几时几分几秒打开。亚马逊等电商在配送纸箱上安装传感器，就可以实时追踪其从仓库到目的地的情况。

此外，通过传感器，还可以得知东京都目黑区某个自动贩卖机售出的500毫升饮用水的空瓶子最后是被运到哪里处理的，也能知道某个人购买的健身器材有没有经常使用。在农田里安装传感器，可以准确掌握日照时间、降水量等信息，进而用无人驾驶飞机准确地自动播撒农药或浇水。在学校和企业，传感器可以根据人们视线的移动或眨眼的频率、写字时的用力程度等判断使用者的疲劳程度，从而在必要时建议其休息。

充分运用传感器及其获得的数据，能够推动人工智能融入生活的方方面面。也有不少人对此抱有抵触感。他们不喜欢自己在哪里、处于何种状态等信息被别人掌握，也不赞成街角监控摄像头拍到的影像被用到别处。然而，只要多数人认为这样更便利，这些服务就会逐渐普及，会被人们认为更安全的社会逐渐接受。虽然关于个人信息的保护和人工智能的应用方式在今后仍是有待继续探讨的课题，但随着技术带来的未来图景更加明确，讨论的方向应该也会发生改变。

奇点会到来吗

人工智能超越人类智能的那一天被称为奇点，这个问题也是人们展开热烈讨论的对象。有人担心比人类更聪明的人工智能会威胁到人类的存在，也有人主张应该谨慎对待人工智能的研发。还有人认为，奇点将在几十年后到来。

虽然比人类聪明的人工智能指的是什么还有待确认，不过针对人工智能进一步产生更加聪明的人工智能，从而超出人类控制的担忧，我可以明确地回答，至少在几十年内还不会出现类似情况。

使用现有的计算机进行机器学习或深度学习，需要相当多的时间和大规模数据。经过如此费力的学习，才能判断出图片上的食物是咖喱还是蛋包饭，因此人工智能要拥有自己的意志，还需要近乎永远那么长的时间。能比人类更出色地完成某项特定任务的人工智能，与像人类大脑一样能够处理任何任务的通用人工智能之间，存在着巨大的不同。

机器学习是对给定数据进行学习的程序，因此很难读取到给定数据之外的内容。在目前阶段，能够读懂文章的系统还很难实现。现有系统只能根据一些常见的表达方式在数据中出现的频率进行学习，将其用于与人类的对话，这一过程中并不会产生智能。提供与输入和计算结果相关的数据，让自动计算系统进行学习，也并不能说明它理解了计算的含义。

虽然有很多人被问到"加法为什么这样做"时也会回答"规则就是如此",然而超越表面现象,通过对加法的深入洞察形成数学观念的才是人类智能。人工智能要达到这一程度,还面临着超乎想象的遥远距离。

那么,如果量子计算机进一步普及,并被广泛应用于人工智能的研发,情况又会怎样呢?那时距离奇点看似更近了一步,但其实依旧非常困难。因为即便人工智能可以通过量子计算机更高效地学习,但还是需要人类创造出算法作为学习的方法。人工智能做出任何判断,都需要依靠人类创造的基础框架。机器学习需要求解最优化问题,在确定具体最优化问题的时点,机器学习所能获得的能力便已经被确定了,而选择最优化问题的仍然是人类。当然也可以考虑将选择权交给人工智能,由人工智能来搭建结构,但判断这一结构能否发挥良好的效果的标准,归根结底还是要由人类设定。

况且,具备能够自主搭建结构并反复进行优化的人工智能的计算机恐怕还需要相当长的时间才能问世。AlphaGo的成功,也是在规定了明确规则的赛局框架内,通过计算机之间的反复对弈,找出最优战略的训练过程才得以实现的。

能胜任人类社会所有任务的人工智能,需要经过怎样的

训练才能实现呢。这恐怕是很难设计出来的。我们可以想象
儿童的成长，他们确实是在不断试错的过程中产生新的行动
能力的。然而，与人类相比，计算机所需的训练量可谓无穷
无尽。正因为如此，高效训练方法也还有待进一步突破。

第 **5** 章

不可思议的量子世界

什么是量子力学

量子计算机是利用量子力学原理进行运算的计算机。经典计算机在硬件上也要使用根据量子力学原理设计的半导体，不过除了硬件方面，量子计算机在软件上也遵循量子力学规律。

那么，该如何解释量子力学呢？这个问题很难回答。即使在大学期间攻读物理专业，而后又作为物理学家从事数十年研究，也仍旧很难感到自己十分了解量子力学。费曼有一句名言，他说"只要你还认为自己了解量子力学，那就说明你并不懂量子力学"。量子力学正是一门这样的学问，量子世界中的很多内容都不符合人类的直觉。

顾名思义，"物理"这个词就是指关于"物质"的"道理"，但很多物理知识却与我们日常生活中的常识相悖。比如，牛顿曾说过："物体在没有受外力作用时，会永远保持匀速直线运动。"然而我们每天都能看到运动的物体最终静止下来的现象。我们踢一下足球，足球就会飞起来，但它终究会在某个地方停下来。牛顿的定律的前提条件是"没有受外力作用"，但现实中由于摩擦、空气阻力等外力的作用，物体迟早会静止下来。

人类花费了约2 000年时间才意识到摩擦和空气阻力的存在以及它们的重要意义。只考虑眼睛看得见的现象，就会像古希腊哲学家亚里士多德一样，陷入一种朴素的错误，认为"对物体施加力的作用，它便会运动，否则它就会静止"。

物理这种学问，就是要探求这些乍看起来不符合人类直觉的事物的真相。量子力学是其中最具代表性的领域，我们日常生活中的常识在这里基本都是行不通的。为了让大家更好地理解量子计算机，接下来会介绍一下不可思议的量子力学的世界。

量子力学探讨的是微观世界中发生的现象。在探讨普通现象的经典力学中，能量等可以取任意值，但在量子力学中，能量却只能取固定的不连续的值。此外，电子等微观世界的物质有时候看上去像波，有时候则看上去像粒子。

双缝实验证明了微观世界物质的粒子性和波动性，具有划时代意义。该实验使用可以发射单个电子的电子枪向探测屏发射电子，中间放置开有两条狭缝的板。电子枪射出单电

双缝实验

电子枪　　　电子　　　　　双狭缝　　　　　　探测屏

电子枪发射出单个电子后，单电子会穿过狭缝抵达探测屏。由于电子具有波动性，因此会在探测屏上形成干涉条纹。但如果尝试"观测"电子究竟通过了哪条缝隙，干涉条纹便不会出现。

波的干涉现象

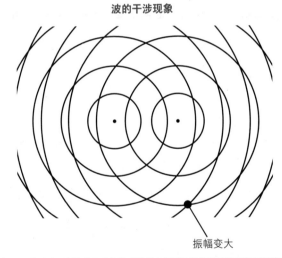

振幅变大

向水面投入两颗石子，波纹重叠后会形成振幅变得更大的部分和振幅相互抵消的部分。这就是干涉现象，双缝实验中也会出现同样现象。

子后，探测屏上会出现电子穿过缝隙后作为单个粒子撞击所产生的痕迹。

这个实验看似平淡无奇，但如果重复多次操作，探测屏的不同位置上会接连出现电子的痕迹，并逐渐呈现出条纹图案。在使用光束代替电子进行的杨氏双缝实验中，也可以看到同样的干涉条纹。我们知道光具有波动性，光波发生干涉时会形成条纹图案。

波的干涉现象与向水面投入两颗石子时出现两个波纹重叠形成条纹的现象相同。也就是说，根据探测屏上出现的干涉条纹，可以得知电子也具有波动性，而单个发射的电子抵达探测屏时又会作为粒子撞击探测屏。

叠加的悖论

杨氏双缝实验是一个神奇的实验，它首次使用光束证明了光的波动性。使用电子代替光束进行的干涉实验最早出现在1961年，之后经过最新技术的检验，该实验被英国物理学会期刊经读者投票评选为最美实验。

在双缝实验中，如果在电子到达探测屏前尝试用传感器检测电子穿过了左右两条狭缝中的哪一条，会导致意外的结果——干涉条纹会消失。这意味着，电子不再是波，而是作为粒子运动。很难解释为什么会出现这种结果，不过毫无疑问，是中途观察电子的这一观测行为产生了影响。中途观测导致结果发生改变，听起来与日本民间故事《白鹤报恩》很相似，不过波与粒子性质转换的现象却要更为不可思议且复杂得多。

事实上，观测在量子力学中具有重要意义。著名的思想实验薛定谔的猫也体现了这一点。这个实验被用来阐释量子力学中的叠加态是何等违反人们朴素的直觉。

在一个铁箱里放入一只猫，再放入放射性物质镭、盖革

在薛定谔的猫的思想实验中，箱子里的猫以相同概率处于"活着"和"死了"的叠加状态。

计数器和氰化氢剧毒气体发生装置，然后盖上盖子。假设镭发生衰变释放出 α 粒子并由盖革计数器检测到时，氰化氢气体就会泄漏出来，那么猫的生死将取决于有没有 α 粒子被释放出来。比如，假设镭在 1 个小时之内衰变释放 α 粒子的概率为 50%，那么也可以说，释放状态与非释放状态以相同概率处于叠加态。该状态也可以解释为，在打开箱子查看之前的 1 小时里，猫是以相同概率处于生死叠加态的。α 粒子是否释放是原子核尺度的极微观世界的现象，因此可以直接根据量子力学原理发生叠加。但这个现象能否直接扩大到像猫一样普通大小的日常世界中，是这个试验给我们提出的问题。

说到叠加态，我们会想到在量子计算机中，量子比特同时处于 0 和 1 两种状态。也就是说，量子计算机执行运算的基本原理就是叠加态。

不过在现实的感觉中，我们实在难以理解猫怎么会同时处于活着的状态和死了的状态。日常世界中的猫，要么活着，要么死了，只能处于两种确定状态中的一种。而到了微观的量子世界，则是有可能出现两种状态"叠加"的情况的。

此外，薛定谔还是量子力学的创始人之一。他提出的薛定谔方程是量子力学中的一个基本方程，它的解被称为波函数。

不确定性原理

在量子的各种不可思议的属性当中，有一项是不确定性原理。不确定性原理是指，同时获知粒子"位置"和"动量"（速度与质量相乘所得的量）的精确度存在一个无论如何都无法超越的极限。也就是说，要精确获知某个粒子的位置，就无法精确得出其动量。反过来，要精确知道某个粒子的动量，就无法精确知道它的位置。

我们通常认为，只要不断改进设备，就能无限精确地测量出一个物体位于何处，在以何种速度运动。然而，在原子等微观世界里，无论付出多么大的努力，都无法使测量的精确度超过一定限度。尽管这很令人懊恼，但事实就是如此。这个现象也称作海森堡原理。海森堡不等式将位置决定的极限和动量决定的极限结合起来，能够得出精确度的极限。

名古屋大学的小泽正直将传统海森堡不等式得出的测量极限与位置和动量本身具有的量子涨落加以区分，推导出扩展版不等式。小泽不等式通过维也纳工科大学长谷川祐司的实验得到验证，已经被广为接受。[①]

海森堡不等式

$$\varepsilon_q \eta_p \geqslant \frac{h}{2}$$

小泽不等式

$$\varepsilon_q \eta_p + \varepsilon_q \sigma_p + \sigma_q \eta_p \geqslant \frac{h}{2}$$

量子隧穿效应

量子计算机还应用了量子的另一个不可思议的重要属性——量子隧穿效应。这个现象也是我们根据日常的常识所无法想象的，即粒子可以渗到墙壁的另一侧。

在经典力学研究的经典世界中，这样的现象是不可能发生的。大家可以设想眼前有一面墙，我们要将球抛到墙对面时的场景。球离开手时，如果不具备相当的速度，是无法越过墙抵达另一侧的。然而，微观量子力学世界却并非如此。

用量子力学原理来观测微小粒子的行为时，用墙壁来表示必须超过的能量。墙壁越高，所需的能量也越大。在量子

---

① 「ハイゼンベルクの不確定性原理を破った！ 小澤の不等式を実験実証」日経サイエンス、2012年1月16日。http://www.nikkei-science.com/?p=1668

力学领域，即便速度不太快的粒子也能够释放出能够超过墙壁的能量，穿到墙壁的另一侧，尽管这个概率很小。这个过程就像有一条隐形的隧道可以穿过墙壁，因此称作量子隧穿效应。

量子退火计算机巧妙地利用了隧穿效应。在解决组合优化问题时，首先需要施加横向磁场，从量子比特之间的相互作用为零的状态开始。接下来，随着横向磁场逐渐减弱，量子比特间的相互作用逐渐增强。相互作用的影响可以看作必须超过的能量，发挥墙壁的作用，并逐渐变得越来越明显。

在传统的模拟退火中，要越过墙壁抵达另一侧，需要事先对粒子施加足够的能量。而在量子退火中，即使没有足够

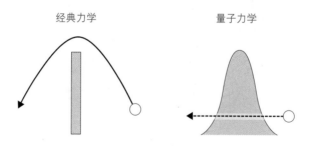

在平常世界（经典力学）中，要将球抛到墙的另一侧，必须使球具备足够的速度（动能），它才能越过墙。而在量子力学世界中会发生穿越墙壁（能量）的量子隧穿效应现象。

的能量，也可以借助量子隧穿效应穿过墙壁。这种情形就如同能量形成的墙壁上有一条隧道，可以从这一侧顺畅地移动到另一侧的正解位置。

量子退火计算机能否在解决问题时发挥较高性能，取决于能否获得量子隧穿效应。谷歌和美国国家航空航天局得出量子计算机速度快1亿倍的结论，也是因为他们在测试中解决的问题的能量墙壁的形状较易发生隧穿效应。在能量之墙虽然比较高，但厚度较薄的情况下，量子隧穿效应更容易发生。由于巧妙地运用了这一原理，量子退火计算机实际展现出了

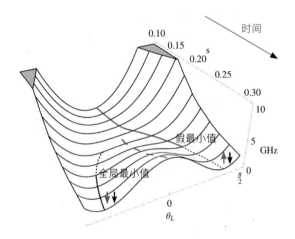

在量子退火中，随着时间的经过，量子比特之间的相互作用逐渐增强，并作为能量形成的墙壁显现出来。(Sergio Boixo et al. *Nature Communications* 7:10327 [2016])

很高性能。

图灵机与量子线路

最早提出量子计算机构想的是理查德·费曼。英国物理学家戴维·多伊奇将费曼的构想进一步发展，研究如何在量子力学领域实现计算机的原型图灵机。

多伊奇想到的是"量子线路"，他通过这种方法，将经典计算机中负责运算处理的逻辑电路扩展到了量子力学领域。经典计算机通过若干个基础逻辑电路（门）的组合进行运算处理。基本的逻辑电路有NOT电路、AND电路、OR电路和XOR电路等。这几种逻辑电路的组合可以针对任意输入输出任意结果。

在经典计算机中，构成逻辑电路的是晶体管。晶体管是控制电流的开关，有无电流通过取决于施加给它的电压。晶体管的状态要么为0，要么为1。与这种经典比特相比，量子比特的特征是同时拥有0和1的叠加态。

叠加属性使量子比特能够进行高效运算。比如，我们可以想象将30枚硬币抛到地面上的情形。每一枚硬币都可能出现正或反两种状态。那么2枚硬币就会有"正、正""正、

NOT 电路

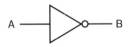

输入 A	输出 B
0	1
1	0

AND 电路

输入 A	输入 B	输出 C
0	0	0
0	1	0
1	0	0
1	1	1

OR 电路

输入 A	输入 B	输出 C
0	0	0
0	1	1
1	0	1
1	1	1

XOR 电路

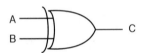

输入 A	输入 B	输出 C
0	0	0
0	1	1
1	0	1
1	1	0

逻辑电路示例。经典计算机采用晶体管构成逻辑电路。而基于量子门的量子计算机则采用量子比特进行输入和输出，通过这些操作形成逻辑电路。

反""反、正""反、反"4种可能。3枚硬币会有8种可能，而30枚硬币则会产生约10亿种可能。如果有30个量子比特，每个比特都处于0和1的叠加态，就能同时表现出约10亿种状态，并从叠加状态开始运算。比起逐一计算和确认所有状态，量子计算机可以同时计算多种状态，因此效率很高。

日本研发的量子比特

量子比特用原子中的电子自旋方向来表示0和1，其实很不好用。因为自然界中存在的原子的电子自旋在运行逻辑电路时很难分别单独控制。要作为量子比特投入实际应用，必须更便于使用且性能稳定。因此，世界各国都在研发实现量子计算机所需的量子比特。

在量子比特的研发过程中，日本学者的研究发挥了重要的历史性作用。其具体经过可以参见《量子计算机的邀请》[①]一书。

既然自然原子中的电子自旋难以控制，那么人工制造一个大型原子会怎样呢？当时在NEC担任研究员的渡边久恒于

① 『量子コンピュータへの誘い きまぐれな量子でなぜ計算できるのか』石井茂著、日経BP社、2004年発行。

1986年提出了这一想法。人造原子被称为超原子，是利用半导体制成的假原子。它由带正电荷的球形半导体嵌入到其他半导体中形成。求解薛定谔方程，可以发现它能呈现出与真正原子相似的特征。超原子虽然申请了专利，但并却没有制造出实物。

真正用半导体制造出的人造原子，是1995年由时任日本电报电话公司（NTT）研究员的樽茶清悟实现的。他研制出的人造原子称为量子点，是一个二维假原子。

接着，当时在NEC研究所工作的蔡兆申和中村泰信于1999年研制出了世界首个超导量子比特。他们使用了采用约瑟夫森结耦合的超导电路。约瑟夫森结是指将两个超导体用

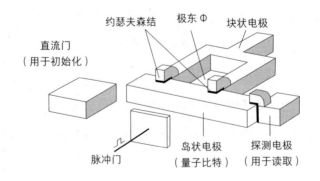

NEC研发的世界首个超导量子比特示意图（摘自《量子计算机的邀请》）。

薄绝缘膜隔开，其名称来源于这一方案的提出者布莱恩·D.
约瑟夫森（Brian D. Josephson）。处于超导状态时，在隧穿效
应的作用下，电流会从绝缘膜之间通过。在超导体中，电子
是成对移动的，如果把1对电子发生隧穿效应的状态视为1，
没有发生隧穿效应的状态视为0，便可以制备出量子比特的叠
加态。

D-Wave公司和谷歌研发的量子计算机中也采用了超导量
子比特。由此回顾过去，便可以追溯到日本企业研究所的科
研成果。

多种多样的量子计算机

在量子计算机的研发史上，日本研究者留下了不可磨灭
的痕迹。D-Wave量子计算机使用的量子比特就是源自蔡兆
申和中村泰信研究的采用约瑟夫森结耦合的超导电路，只不
过他们使用磁通量代替了电子对的数量来作为量子比特。使
用磁通量作为量子比特的想法，是由代尔夫特理工大学的汉
斯·莫伊于1999年提出的。中村泰信于2001年在代尔夫特理
工大学担任客座研究员时就曾从事使用磁通量制备量子比特
的实验。

D-Wave量子计算机的量子比特的磁通量太小而无法直接测量，因此需要借助量子通量参变器（QFP）来增强。量子通量参变器其实也是日本研发的，是东京大学教授后藤英一于1986年提出并研制出来的。后藤在20世纪90年代用英文出版了与量子通量参变器相关的著作。据说D-Wave的研究人员正是在阅读此书后获得了启发。[1]

像这样，虽然是加拿大的创业公司实现了量子计算机的商用化，但其创意和核心技术却多是在日本发明的。

采用量子门方式的量子计算机的研发也在世界各国都有开展。比如，IBM于2001年公开了一项基于核磁共振（NMR）的7位量子比特实验。NMR是指处于特定磁场中的原子核与某个频率的射频电磁波之间产生相互作用的现象，医院的磁共振成像检查也应用了这项技术。IBM使用7位量子比特进行了因数分解，得出了$15 = 5 \times 3$的正确答案。2015年，谷歌使用由超导体制成的9位量子比特实现了纠错技术。

英特尔和微软公司也在投资研发采用量子门方式的量子计算机。虽然很难研制出具有实用规模的系统，但这个长期

---

[1]「驚愕の量子コンピュータ」『日経コンピュータ』２０１４年４月17日号。

项目一旦获得成功，便能在应用量子模拟技术开发新药等多个领域开拓出广阔市场。

此外，也有相关研究在探索如何将普通计算机与量子计算机结合起来。

量子逻辑门运行量子模拟算法的速度远超出经典计算机，这一优势已经得到证实，数百个量子比特的量子计算机的实现已经指日可待，相关研究正在探索今后如何使这个规模的量子计算机继续发挥这项优势。

第6章

量子领域将来的发展趋势

基础研究绽放出意外之花

每当有日本学者获得诺贝尔奖，媒体和人们都会讨论基础研究的重要性。有人认为不知道哪些基础研究将来会带来成果，也有人认为基础研究是国家竞争力的源泉。

前一个观点的确言之有理，量子退火本是出自纯粹的学术兴趣，研究者并未刻意去考虑它是否会在实际社会上派上用场。真正重大的科学突破往往是由远超出得失权衡、忘我投入的专注带来的。有时经过多年的潜心研究，它们会在意想不到的地方发挥作用。

如果从事基础研究的人能在此基础上，多关注自己钻研的课题与社会的关系，便有可能发现更有趣的研究方向或者为研究带来飞跃发展的契机。学者不妨将这一点放在心头。比如，正如前面介绍过的，美国麻省理工学院的理论物理学家劳埃德和法里告诉D-Wave公司创始人罗斯"制造量子退火计算机会很有意思"，于是才有了这一领域今天的盛况。

本书作者之一西森所研究的信息统计力学作为量子退火

的初步阶段，是运用物理学（特别是统计力学）方法，解决信息科学领域问题的科学。说起统计力学，可能许多人会感到陌生。统计力学的研究工作起源于根据气体分子的运动来探索气体的特性，也就是通过对大量气体分子的位置和速度进行统计处理，来理解在日常生活中见到的气体的特性。

统计力学的研究对象除了气体，还可以扩展到液体和固体，磁铁即为其中一例。固态物质原子中的电子自旋会形成小小的磁矩。磁矩的方向决定了日常世界中的普通磁铁的性质。比如，铁在平时是没有磁性的，但接近磁铁时，它便会吸附上去。这是因为，铁中的电子自旋的方向在平时是杂乱无章的，它们在整体上相互抵消，因此无法形成磁性。而靠近外部磁场时，铁内部数量庞大的磁矩就会同时朝向相同方向，从而形成明显的磁性。

根据电子自旋所形成的原子尺度的磁性特征，我们可以借助统计力学了解到普通大小的磁铁的性质。在常见的普通磁铁中，数量极为庞大的磁矩几乎都指向相同方向，这种特性被称为铁磁性。而原子尺度的磁矩朝向杂乱的方向，在整体上相互抵消，无法成为普通磁铁，这种特性被称为顺磁性。也有些物体在低温环境下具有铁磁性，但遇热便会使磁矩的

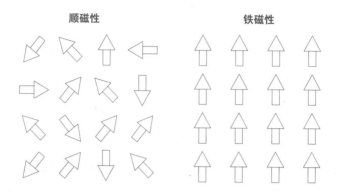

如果电子自旋产生的磁矩朝向杂乱方向，会体现"顺磁性"；如果方向一致，则会体现"铁磁性"。（摘自《自旋玻璃与联想记忆》。）

方向迅速散乱，变成顺磁性。

从铁磁性到顺磁性的急剧变化是相变现象中的一种。水加热到100℃时，会变成水蒸气，而冷却到0℃时，会结冰，这是一个简单易懂的相变事例。可能有人会觉得这是液态水、固态水、气态水蒸气之间的相变，与磁性的情况不同。但其实在从铁磁性到顺磁性的急剧变化过程中，构成磁铁的单个分子并没有改变，但大量分子的集合体的特性却突然改变，从这个意义上说，这和水的相变是一样的。

除了磁性会发生相变之外，一种名为自旋玻璃的略有些奇特的物质也会发生相变。不过自旋玻璃的情形要更为复杂和丰富一些。

这是因为在自旋玻璃中，电子自旋的方向是固定的，而且也像玻璃一样呈无序排列。自旋玻璃名为玻璃，看起来是像固体一样的固态物质，但其实它并不是固体。它也不是液态，而是处于玻璃这种特殊的状态。也就是说，乍看之下它是固态的，但如果等上极长时间，就会发现它是在缓慢流动的。玻璃这种物质非常常见，但要准确理解它既非液态也非固态的特性却是一大难题。

总之，自旋玻璃与普通磁铁不同，除了具有铁磁性和顺磁性外，它还具有与玻璃类似的特性，是一种能够产生丰富多彩的相变现象的有趣物质。不过与具有铁磁性的磁铁不同，人们目前还未发现能直接让自旋玻璃对社会发挥作用的利用方法。自旋玻璃仅是作为纯粹的学术兴趣，在物理领域中成为研究热点，得到了相当多的研究。这些成果通过信息统计力学，对信息科学、量子退火等领域的研究带来很大影响。可以说，这也是基础研究意想不到的波及效应吧。

研究者们采用伊辛模型来考察自旋玻璃的相变现象。正如前文介绍的，伊辛模型用网格上的每个阵点表示自旋，从理论上通过模型来描述自旋之间相互作用的状态。借助伊辛模型可以研究自旋玻璃的相变，不过这在统计力学领域属于屈指可数的难题。凭借纸笔来解答这个问题会相当费劲，一直以来的主要研究方法是在计算机上进行模拟，不过本书作者们一直从事的是理论上的研究。西森提出了关于自旋玻璃对称性的理论，大关又将其发展为与自旋玻璃相变相关的理论。这两个理论都是我们作为理论物理学家在最能专注于科研的研究生时期提出的。

取得这些成果，我们根本没有考虑实际用途，完全只出于对学术和理论上的兴趣。没想到几经周折之后，它们最后催生出了今天量子退火热潮。

借助自旋玻璃的伊辛模型，可以求解较容易应用于现实社会的组合优化问题。模拟退火在经典计算机上实现了这一点。而量子退火则是为了应用量子力学原理，借助了横向磁场的作用，使其实现了更高速的运算。

信息统计力学作为这些工作的出发点，明明是用纸笔推演出的物理理论，却成了新型的运算原理，这说不可思议也确实很不可思议，而这也正是基础研究的玄妙所在。有时候，乍看上去完全不相干的事物有机联系在一起，我们眼前的风景便会随之发生很大改变。量子退火不仅在学术界受到关注，在普通社会也引起了强烈反响，这个过程远远超越个人力量的影响，不能不让人感到不可思议。这种情况并不是有意为之就能实现的。

既要严谨也要胆大

组合优化问题是信息科学一直都在致力研究的课题。用量子退火这种物理学方法解答组合优化问题，是一种跨界尝试。随着能够实现量子退火的硬件的问世，理论模型开始对社会产生巨大影响。

自旋玻璃的伊辛模型对向上或向下的自旋施加横向磁场，使其产生磁性的波动。减弱横向磁场的同时，加强自旋之间的相互作用，会使每个自旋的方向固定为向上或向下，从而形成低能量的稳定状态。能量最低的状态即为组合优化问题的解。

在现阶段，D-Wave量子计算机还不具备经典计算机和量子门方式的量子计算机的通用性。此外，它原本是为了利用量子退火求出严密解设计的，但实际上却未必能得到严密解。可能有不少人不太喜欢这种似是而非的感觉。尤其是对那些重视严谨的研究者而言，他们可能根本无法接受这种计算机。

对日本研究者来说，"严谨"可谓是强项。他们通过发挥这个强项，提出了很多新的理论和发现。不过过分拘泥于严谨，则可能错失影响社会，从而反过来改善研究环境的机会。这些都是D-Wave公司的量子退火计算机的发展过程告诉我们的。

被问到"求不出严密解是不是有问题"时，D-Wave公司的研发人员回答："即使在求不出严密解的情况下，D-Wave量子计算机也能求出比以往方法准确度更高的近似解，同样能够发挥作用。"这种思维方式确实可能不属于那些重视严谨的研究人员。然而，即便不够完美，即使应用范围仅限于最优化问题，只要能把它研制出来，作为商用型量子计算机推向社会，就能获得社会的反馈。之后，他们还可以以此为基础，将D-Wave量子计算机进一步改良之后再次推向社会，如此循环往复。

不少研究者表示无法接受D-Wave公司的这种做法。

然而现实中，这家创业公司不仅沿着这条路线奋勇前进，不断筹到大笔资金，还将优秀人才相继吸引到量子退火领域，营造出从基础研究到实用型技术研发都充满活力的世界。无论是采取这种破天荒做法的创业公司，还是背后支持它的豪爽的投资家，我认为都值得日本学习。

如今，无论是在硅谷还是在日本，IT 创业公司都会以 beta 版（尚不完美的状态）的形式推出产品或服务。即便产品存在漏洞或瑕疵，也可以根据使用者的反馈逐渐完善。然后，只有获得更多使用者的创业公司才能实现爆炸式发展。

D-Wave 公司也是凭借这种精神来研发量子计算机的。尤其是在北美社会，他们产生了重要影响。谷歌开始独立研发采用量子退火方式的量子计算机，美国政府部门情报高级研究计划局也启动了高性能量子退火计算机的研究计划。此外，还有越来越多的研究者迅速投身到量子退火的研究当中，掀起了一场热潮。

跨领域的创新精神

即使无法求出严密解，只要能得到比以往方法更接近严密解的近似解，也有很多领域可以从中受益。比如全美国范围内的物流优化，美国国家航空航天局或一些大企业内部的各种课题的优化等，哪怕只是改进百分之几，也能大幅降低成本。这并不是书桌上的空谈，而是全世界最先购买 D-Wave 量子计算机的洛克希德·马丁公司的高层技术人员在谈及购买理由时，向本书作者西森说的原话。何况得出这个"更近似的解"所需的时间和耗电量等成本也要远远少于传统方法。在金融领域，如果能用更低成本或更短时间构建出收益更高、风险更低的证券投资组合，当然也会有顾客愿意使用这项服务。

像这样，尽管量子计算机并不完美，但它仍然可以在有些领域立即发挥作用。D-Wave公司了解到这一事实，果断将自己研发的量子计算机作为商用机推向市场。并且，该公司还充分意识到量子计算机对人工智能研发的推动作用，召集众多研究者开拓出利用量子退火开发人工智能这一领域。

那么，日本也有可能出现D-Wave公司这样的创业公司吗？在日本的大学里，理科和工科是严格区分开的。也就是说，科学和工程是泾渭分明的两种不同领域，分别对应着基础科学研究和社会应用研究。当然，世界上许多大学都与日本大学的结构相同，但在北美却不难看到从事基础科学研究的人同时关注其社会应用，或者反过来也比较容易转行。在美国，基础和应用的距离十分接近，并经常会有互动。实际上，企业、国立研究机构、创业公司、高校或政府部门等之间的人员流动也不在少数。

而许多日本的基础科学研究者没有与社会结合的观念。当然，从结果上看，很多时候这种情况也许会带来具有重大社会影响的突破，而且总是关注是否对社会有用，也就不能算是基础科学研究了。但如果有人发现了或许可以实现产业化的课题，那么基础科学研究者也应该完全可以通过创立创业公司等方式将想法付诸实践。如果高校能在任职条件等制度方面对此提供积极支持，或者营造便于资本投资的环境，便可能推动类似情况的出现。此外，也可以从高等教育阶段就提供更多的机会，激发学生们的创新意识。事实上，学习理论物理专业的乔迪·罗斯成立D-Wave公司的契机之一也是从课堂上获得的。

而今，源自大学的创业公司越来越多。工科学生或者理科信息科学专业的学生去创业已不再是新鲜事儿，由生命科学系学生创立的生物创业公司也越来越多。这一趋势也完全可以延伸到研究物理、数学等基础学科的学生当中，不过要实现这一点，不仅需要学生个人的努力，还需要制度方面的支持。

软件方面仍有待开发

组合优化问题的难点在于，组合数量庞大，逐一确认会导致无休无止的计算量。为了更高效地解决组合优化问题，即使要求出近似解，也需要针对不同问题考虑适当的算法。然而，量子退火可以针对所有最优化问题，求出严密解或是更精确的近似解。这意味着不用逐一确认所有组合，也能得出更好的答案。也就是说，它能发挥过滤器的作用，不用一一确认便能排除错误解。

事实上，美国国家航空航天局量子人工智能研究所的论文提到了将 D-Wave 量子计算机用于此项作业的可能性。[①]他们讨论了如何使用该量子计算机解决在电网等大规模网络中找出集线器或传感器出现缺陷的位置的问题。复杂网络中的缺陷必须根据终端电流表显示的测定结果来推断。根据终端的少量信息去寻找网络上究竟哪部分出了问题，这个过程极其困难，逐一寻找确认需要花费大量时间。而这种问题也可以用组合优化问题来解决。

即使未能得到严密解，而只是筛选出近似解，也可以据此找到可能有问题的部位。人们只需在此基础上加以确认即可。这样做的效率远远高于传统方法。

---

① Alejandro Perdomo-Ortiz et al "A quantum annealing approach for fault detection and diagnosis of graph-based systems", Eur. Phys. J. Special Topics, 224, 131 (2015).

要构建能够以近乎100%的概率发现电网或大规模系统缺陷的系统，是非常复杂且很难实现的。这种情况下，可以先推出尽管不够完备但成本低于传统方法的系统，在获得用户反馈和回收初期成本的同时，进一步提高其精确程度。只有凭借这种方法才能在当今时代不断开拓出崭新的领域。

在量子退火计算机的硬件研发方面，北美地区已经遥遥领先。除了加拿大的D-Wave公司，谷歌、美国政府的情报高级研究计划局也围绕量子退火计算机的更高性能展开了激烈的竞赛。日本从现在开始沿着相同路线研发量子退火机器，目标恐怕只会像海市蜃楼一样越来越遥远，这条道路将会无比漫长和坎坷。因此，日本只能凭借异想天开的创意，另辟蹊径。

另一方面，量子计算机的软件方面仍有一大堆重要课题亟待解决。关于量子退火的理论方面的论证尚不充足。相比之下，研发历史更长的量子门方式已经具备了非常完备的理论。坦率地说，量子退火还存在不知为何能高效运算的一面。虽然针对个别事例已经有了一些研究，但尚未形成可以统观全局的俯瞰视角。本书作者目前也仍在摸索状态中不断思索。如果量子退火的相关理论研究取得进一步发展，那么哪些组合优化问题能够获得快速解决而哪些不能，便会更加清晰了。这也会推动其实际应用取得进一步发展。

换个角度来看，量子退火理论的前方仍是一片广袤的荒原，对于富有开拓精神的人而言，还有很大的待开发的领域可以大有作为。走进这片荒原，也同样是伟大的创新精神。如果能提出具有独创性的划时代理论，关于其实现过程的研究便会得到进一步发展，日本也将有望实现量子计算机的产业化。

超越摩尔定律

在研发人工智能所需的硬件方面，有很多在传统技术基础上发展而来的硬件正在大显身手，例如美国的半导体制造商NVIDIA的GPU、谷歌研发的TPU等。

NVIDIA公司一直从事计算机图形处理芯片的开发。GPU是Graphics Processing Unit（图形处理单元）的缩写。获知原本面向个人电脑、专业智能终端研发的GPU可以用来高效执行机器学习或者深度学习的运算之后，NVIDIA公司开始对其加大了投入力度。谷歌的TPU是Tensor Processing Unit（张量处理单元）的缩写，它被誉为深度学习专用处理器。据说在同等耗电量下，TPU的性能可达到其他公司产品的 10 倍。[1]TPU 能快速运算深度学习中的张量计算，也被用于 AlphaGo 中。

这些专用芯片的诞生，离不开大量投资被吸引到人工智能开发领域这个大环境的影响。然而，以传统的半导体技术为基础的产品将难以逃脱摩尔定律的终结。后摩尔时代如何发展，已经在全世界范围内成为重要课题。

作为有力候补，量子退火计算机获得了人们的广泛关注。在日本，大学和研究机构自不必说，许多企业也极为关心这方面的发展，因为在高性能人工智能研发领域，晚一步便有可能影响整个企业的命运。

不过必须注意，目前的 D-Wave 量子计算机只是试验机，并不能立即取代现有技术。在北美，已经开始使用 D-Wave 量子计算机的公司为了确保在未来四五年甚至更长时间内拥有绝对优势，都在尝试独立研发和垄断包括基础软件及应用程序在内的基础技术。他们并不期待这些研究能马上发挥作用，也很清楚它们不会立刻发挥作用。谷歌则为了改善本公司的搜索、广告等产品的品质和减轻环境负担（即削减成本），正

① 「米Googleが深層学習専用プロセッサ「TPU」公表、「性能はGPUの10倍」と主張」ITpro、2016年 5 月 19 日。http://itpro.nikkeibp.co.jp/atcl/column/15/061500148/051900060

在尝试从硬件方面独立开发量子计算机。日本企业也应该重拾过去的活力和干劲，大胆进行类似的中长期投资。

意识转变创造全新社会

2016年6月，关于量子退火的国际会议AQC（Adiabatic Quantum Computing）2016在洛杉矶郊外召开。会场位于谷歌园区内，谷歌正式宣布自己正在独立研发量子退火计算机，现场气氛非常火热。其中的一幕象征了现在的量子退火研究圈，我想就此稍做介绍。

136页的这张照片是围绕量子退火计算机的未来进行分组讨论时的情景。照片右起第二人是本书作者之一西森秀稔。其余几位也都是量子退火领域的关键人物。从这张照片中我们可以发现一个有趣的现象：

实际上这7个人当中，只有一位是土生土长的美国人。

其他人大多是为了接受大学教育，从其他国家移居到美国或加拿大，而后成为研究者的。全世界的优秀年轻人汇集到美国的大学里，他们学成后便直接留下来，推动这个国家的科研发展。可以说这是美国的绝对优势。此外，照片中的多数人都是最初从事其他研究，后来随着量子退火

关于量子退火的国际会议"AQC2016"上的一幕。右起第二人为本书作者西森秀稔。

的活跃才投身到这一领域的。或者也可以说，他们勇敢地投入到尚处于摇篮期、前景尚不明朗的量子退火研究领域中，成为推动量子退火发展的主角，至今仍活跃在这一舞台上。

另外，虽然从这张照片上看不出来，还有很多来自中国的年轻人也正在这一领域大展身手，其中有不少极为卓越的研究者。在不久的将来，如果他们中有一部分人选择回国发展，或者与中国的研究机构开展合作研究，那么中国也很有可能成为与北美并列的量子退火研究根据地。在人工智能领域，已经出现了这种情况。

换个角度来看，日本也可以进一步提升自己的存在感。除了提高大学教育的品质、制定并实行大胆且及时的政策、让企业拥有长期眼光等，学生和研究人员转变意识也非常重要。

日本的研究人员很少愿意中途改变自己的研究领域。这固然有好的一面，但也是日本与美国最大的不同。美国的研究人员一旦发现"待开发的前沿领域"，便会毫不犹豫地投身其中。此外，在日本从事基础理论研究的人，也很少将自己的研究与实用方向联系起来。但在量子退火领域，基础理论与实际应用几乎是不可分割的，基础研究的成果具有可以直接应用的广泛影响力。一直从事基础理论研究的人也可以毫不费力地从应用的视角进行研究。这个领域本身就具有很大的灵活性。

本书的两位作者也曾经只顾埋头于纸笔世界中的纯理论研究。最近，西森开始投入精力研究实际量子计算机中的噪声影响并对其特性加以改进。大关则以机器学习为切入点，与各类企业展开合作研究，研发能够运用基础理论解决实际社会中的各种问题的技术。只要愿意，我们还是可以改变的。

日本会有领先世界的一天吗

D-Wave公司无疑为量子计算机的研发指出了新的方向，并掀起了一场热潮。但现在距离目标的实现还非常遥远。这个领域目前只是明确了新的规则，正式比赛才刚要开始。需要做的工作堆积如山，研究成果给社会带来重大影响的可能性会越来越大。比如，量子退火的基本运行原理是，运用量子力学原理使伊辛模型中的自旋方向发生改变。而产生量子涨落的方法并不一定必须是现在使用的单纯的横向磁场。

关于横向磁场以外的量子涨落方式，西森曾在几年前与

本书作者大关真之在AQC2016上演讲。

当时的研究生关优也一起从理论上演示了其在某种特定条件下展现惊人性能的可能。在世界范围内还未曾有过类似研究，因此我们的研究给大家带来了很大震撼。

AQC2016会议设置了让参会者根据自己感兴趣的主题进行分组讨论的环节，除横向磁场以外的量子涨落的巨大可能性在这一环节中也备受关注。来自世界各地的顶级研究者都对此感到震惊。这一成果不仅会影响到D-Wave公司，也将对谷歌、美国情报高级研究计划局的研发计划产生影响。

同样在本次会议上，本书作者大关介绍了，能够模拟除了横向磁场以外的量子退火动作的新算法。这项研究不只是以纸笔为武器展开的挑战，还是最大限度利用经典计算机探究量子退火极限的尝试。日本人的这些理论研究都大幅领先于世界，即将催生出新的潮流。

AQC2016的部分演讲内容在YouTube视频网站可以观看，任何人都可以从中了解到最前沿的研究成果。

量子退火在人工智能领域的应用目前刚刚起步。仅就与量子退火相关的趋势而言，目前正处于在使用D-Wave量子计算机进行采样的基本方针下，摸索机器学习所需的计算方式的可能性的阶段。要实现人工智能的飞跃性进步，必须要有能够为模式识别和预测模式提供大量数据的平台。D-Wave量子计算机中的可用量子比特数量还远未达到能够直接解决现实问题的规模。

比如，自动驾驶和驾驶辅助技术中，为了识别其他车辆和行人，需要用到车载摄像头获取的图像。即使大小仅为100×200的黑白图像，也需要使用2万个量子比特。如果图像不是黑白的，而是灰度或彩色的，目前的量子计算机还远远不能胜任。

此外，机器学习本身的新方法也层出不穷，其中不乏一些独特的方法。比如，有的方法可以根据过去的深褐色调照片，还原出拍照当时风景的彩色图像。还有的技术能在学习一定数量的脸部照片和表情变化的图片后，自动生成任意表情变化的图像。

为了将量子退火和机器学习的最前沿技术结合起来，不仅需要增加量子比特数，还必须使量子计算机与机器学习领域发展的算法之间具备兼容性。目前的机器学习研究很少会关注与D-Wave量子计算机等量子退火之间的兼容性。这里蕴含着开拓的空间。

构建出能将对象问题特征与量子力学规律结合起来的新

型算法，不仅能推动量子退火的研究，还能促使量子计算机研究与机器学习这一应用领域的扩大相互融合，从而改变世界形势。通过锐意进取的构想和营造能够专注研究的外部环境，完全有可能引发量子计算机和机器学习带来的新范式转移，在这个意义上实现奇点。

制造业一直是日本所擅长的领域，但在造出更好硬件的技术竞争上，除了部分领域之外，日本已经陷入了停滞。这也是造成日本社会停滞不前的原因之一。寻找突破口的关键，在于涵盖软硬件双方因素的多元视角、基础和应用的融会贯通、跨领域交流以及摆脱过去习惯的束缚等。如今的停滞感也意味着机遇，这种逆向思维才能创造出全新的日本。

日本是人才大国。由于岛国的资源总量有限，日本过去一直通过重视教育等方法营造坚实的研究环境，为培养人才而不断投资。因此，日本如今仍然拥有大量优秀人才。我们可以暂且将自己或组织所面临的困难搁置一旁，换个心情去看看外面的情况。说不定邻居可以带来灵感，有助于形成意想不到的构想。陷入困境时时，不妨试着绕路前行。要形成穿过壁垒的隧穿效应，要先从各种想法的叠加态开始。

后 记

　　量子力学是一门不可思议又令人困惑的学问。如果有谁能立即理解两种状态叠加并同时存在这个概念，反倒有些奇怪。说实话，物理学家只是自从大学三年级上过相关课程起，就无数次接触这些原理，自己也多次复述并将其用在研究中，才变得习以为常而已，而实际上他们也没有从内心深处认为自己是真正理解这些道理的。

　　请大家不要因此指责物理学家不负责任。即使抛开量子力学中关于概率的解释问题，量子力学所依据的计算方法也是极为明确的，量子力学的定量计算结果从来不会出现与实验不符的情况。以什么为对象、如何计算、能得出哪些结果，量子力学的架构非常清晰，结果也十分可靠。这门学问就是这样。

　　量子计算将量子力学原理应用到计算当中，为此需要的设备（硬件）就是量子计算机。不管是量子计算还是经典计算，只要是"计算"，其侧重点都会与物理等自然科学有着微妙的不同。是否与实验相符，是衡量物理理论正确与否的判断标准和价值标准。好的理论，能够更好地解释已有实验，并准确预测出新的实验会出现哪些结果。理论的好坏与它有没有实际用处完全没有关系。实验物理也是一样。小柴昌俊教授荣获诺贝尔物理学奖之后，有些媒体提出"这项研究能发挥哪些作用"这种毫无新意的提问，他不假思索地答道："什么作用也不会发挥。"我觉得这个回答真是痛快，这想必是我原本是物理学家的缘故吧。

我说"原本是"，是因为一旦涉及计算，对理论的价值判断就要包括它是否有用。无论多么了不起的计算理论，如果不能以某种方式（哪怕是间接的）在计算机上的实际计算中发挥作用，乃至不能造福于社会，其存在意义就会大打折扣。这一点与纯数学或理论物理不同。从这个意义上来说，量子退火计算机被实际制造出来，并在社会上引起反响，确实是令人感慨。

对量子计算机，似乎有些人很容易因误解而抱有过高的期待。其实无论是采用量子门方式的量子计算机，还是量子退火计算机，都不是取代现在人们所使用的计算机的下一代超高速计算机。虽然采用量子门方式的量子计算机能够进行任何运算，但它必须用到能够配得上其高昂的研发成本的用途上才行。用量子计算机来做现有计算机就能完成的工作，将是巨大的资源浪费。量子计算机只应该用来处理量子模拟或机器学习等现在的计算机无法胜任的特殊的大规模计算。这一点对量子退火计算机来说也是一样。即使量子计算机得到更广泛的应用，相信也会与现在的计算机长期并存。

21世纪前十年的后半期，听说D-Wave公司正在研发量子退火计算机，学术界一直认为D-Wave公司很可疑，真正的研究者不应该与其为伍。本书作者西森依然记得，在2010年召开的一次与统计力学相关的大型国际会议上，自己就量子退火进行演讲时提到"一家名为D-Wave的公司正在努力实现这一想法"，讲演结束后便有一位权威人士特意过来忠告西森"谈及D-Wave公司会降低你的可信度"。正如本书介绍的，大约正是从这一时期开始，情况开始出现转机，所幸我们（自认为）至今也没有失去可信度。当时批判D-Wave公司的急先锋，曾在麻省理工学院执教的斯科特·阿伦森最近也不太露面了。

　　不过话虽如此，研究要获得健康的发展，也需要批判的声音。正因为阿伦森等人的尖锐批判，人们才知道存在哪些问题以及要解决这些问题需要明确哪些内容，在某种程度上也才有了后来的发展。甚至还有人怀疑，他们实际上是受雇于D-Wave公司的。尽管如此，我还是极为敬佩在四面楚歌中毫不气馁，而是继续推动研发的乔迪·罗斯和他的同事们的坚定信念以及支持他们的投资家们。这些人的存在，在日本是无法想象的。这并不是改变制度和意识就可以解决的问题，或许还必须深入到文化层面去考虑。

　　大约自2013年起，日本媒体也开始关注D-Wave公司。谷歌购买D-Wave量子计算机的消息给人们带来了很大冲击。本书的两位作者也曾有幸在网络媒体、专业杂志、普通报纸、电视、广播等各种媒介上介绍量子退火，得到的反馈多是"虽然很难，但很有趣"。西森曾参加日本放送协会（NHK）"Science zero"节目，获得家人作为该节目多年忠实粉丝的夸奖："你讲的这期最难懂了！"尽管如此，听说这一期的收视率还是远远高出其他期节目。似乎许多人能从"量子"这个词中感受到魅力，甚至是魔力。对于物理学家而言，虽然完全感受不到魔力，不过却能感受到十足的魅力。总之，量子计算机的研发是一个深奥的领域。

此次有幸得此机会，将与量子退火算法的知识整理成书，虽然这个任务十分艰巨，但我们还是决定一试。不用公式介绍量子力学，就像让一个被束缚住手脚的人去参加赛跑。因此，我们决心不去争先后，只要一步一个脚印向前迈进就好。

本书究竟有多通俗易懂，要留待各位读者来评判。书中哪怕有一处内容能引起各位的兴趣，也算是实现了我们写作本书的最低目标。

本书执笔过程中得到日经BP编辑部竹内靖朗先生和作家片濑京子女士的诸多帮助。在此表示衷心感谢。

西森秀稔

大关真之

出版后记

　　量子计算机能对解决众多组合优化问题以及推动人工智能发展发挥重要作用，被认为是当今最有前景的前沿技术之一。然而，对于绝大多数普通人来说，量子计算机乃至量子的概念都还比较陌生。甚至，还有人时不时推出"量子鉴宝""量子整形""量子波动速读"等莫名其妙又令人啼笑皆非的说法。

　　确实，我们很少有机会在新技术发展之初就能把脉络梳理清楚。从这个角度来看，本书的出版可以说是十分必要而且及时的。两位作者都活跃在量子计算领域的第一线，他们以尽可能贴近普通读者的语言简明扼要地介绍了量子计算机的工作原理，量子计算机对于人工智能尤其是深度学习的重要意义，以及加拿大、美国和日本等国在该领域的最新动向及今后的发展趋势。

作者在后记中坦言，在不使用公式的情况下介绍量子力学，就像让一个人束缚住手脚去参加赛跑。不过作为量子计算领域的理论先驱，本书作者之一西森秀稔先生仍旧多次在各种媒体上为普通读者科普量子力学的相关知识，尤其是他参加的NHK科普节目"Science Zero"更是创下该节目的收视率新高！

正像他在书中说的，"量子"这个词能让人们感受到无限的魅力，甚至是魔力。那么就让我们带上对前沿科技的好奇和期待，将本书作为最初的台阶或向导，进一步了解知识的进化并获得新的视角吧。

服务热线：133-6631-2326　188-1142-1266
读者信箱：reader@hinabook.com

后浪出版公司

2020年4月

图书在版编目（CIP）数据

量子计算机简史 /（日）西森秀稔,（日）大关真之
著; 姜婧译 . -- 成都 : 四川人民出版社 , 2020.5
ISBN 978-7-220-11788-6

Ⅰ.①量… Ⅱ.①西… ②大… ③姜… Ⅲ.①量子计
算机－技术史－世界 Ⅳ.① TP385-091

中国版本图书馆 CIP 数据核字 (2020) 第 034262 号

RYOSHI COMPUTER GA JINKO CHINO WO KASOKUSURU written
by Hidetoshi Nishimori, Masayuki Ohzeki.
Copyright © 2016 by Hidetoshi Nishimori, Masayuki Ohzeki. All rights reserved.
Originally published in Japan by Nikkei Business Publications, Inc.
Simplified Chinese translation rights arranged with Nikkei Business Publications, Inc.
through Bardon Chinese Media Agency.
本书简体中文版由银杏树下（北京）图书有限责任公司出版。

四川省版权局
著作权合同登记号
图字：21-2020-95

LIANGZI JISUANJI JIANSHI

量子计算机简史

著　　者	［日］西森秀稔 大关真之
译　　者	姜　婧
筹划出版	银杏树下
出版统筹	吴兴元
特约编辑	郎旭冉
责任编辑	邵显瞳
封面设计	陈文德
装帧制造	墨白空间
营销推广	ONEBOOK
出版发行	四川人民出版社（成都槐树街 2 号）
网　　址	http://www.scpph.com
E - mail	scrmcbs@sina.com
印　　刷	北京盛通印刷股份有限公司
成品尺寸	143mm × 210mm
印　　张	5
字　　数	76 千
版　　次	2020 年 5 月第 1 版
印　　次	2020 年 5 月第 1 次
书　　号	978-7-220-11788-6
定　　价	36.00 元

后浪出版咨询(北京)有限责任公司常年法律顾问：北京大成律师事务所　周天晖 copyright@hinabook.com
未经许可，不得以任何方式复制或抄袭本书部分或全部内容
版权所有，侵权必究
本书若有质量问题，请与本公司图书销售中心联系调换。电话：010-64010019